手把手教你玩转RPA

基于UiPath和Blue Prism

王旭斌 ◎ 编著

电子工业出版社
Publishing House of Electronics Industry
北京·BEIJING

内 容 简 介

本书从介绍 RPA 概念、发展历程及 RPA 与 AI 的关系入手,逐渐深入,全面介绍 RPA 的功能与应用。内容以两款主流的 RPA 平台——UiPath 与 Blue Prism 为基础,手把手讲解如何完成一个 RPA 项目。本书内容深入浅出,结合大量业务场景,涵盖开发 RPA 产品所需的各个方面。

对于即将投入流程自动化的技术人员和非技术人员来说,本书是一本不可或缺的"行动指南"。

未经许可,不得以任何方式复制或抄袭本书之部分或全部内容。
版权所有,侵权必究。

图书在版编目(CIP)数据

手把手教你玩转 RPA:基于 UiPath 和 Blue Prism/王旭斌编著. —北京:电子工业出版社,2020.10
ISBN 978-7-121-39636-6

Ⅰ. ①手… Ⅱ. ①王… Ⅲ. ①智能机器人 Ⅳ. ①TP242.6

中国版本图书馆 CIP 数据核字(2020)第 179871 号

责任编辑:安　娜
印　　刷:北京天宇星印刷厂
装　　订:北京天宇星印刷厂
出版发行:电子工业出版社
　　　　　北京市海淀区万寿路 173 信箱　邮编 100036
开　　本:787×980　1/16　印张:10　字数:245 千字
版　　次:2020 年 10 月第 1 版
印　　次:2020 年 10 月第 1 次印刷
定　　价:69.00 元

凡所购买电子工业出版社图书有缺损问题,请向购买书店调换。若书店售缺,请与本社发行部联系,联系及邮购电话:(010)88254888,88258888。
质量投诉请发邮件至 zlts@phei.com.cn,盗版侵权举报请发邮件至 dbqq@phei.com.cn。
本书咨询联系方式:010-51260888-819,faq@phei.com.cn。

前言

RPA（Robotic Process Automation）市场日新月异，主流产品迭代周期约为24周。本书针对全球主流的RPA产品——UiPath和Blue Prism，抽取它们的核心技术及通用功能，从咨询公司的角度对产品进行客观解读。

本书作为读者接触RPA的白皮书，从三个维度对RPA进行了宏观和微观的描述，分别是什么是RPA，为什么用RPA，以及怎么用RPA。

本书内容

本书从介绍RPA概念、发展历程及RPA与AI的关系入手，逐渐深入，全面介绍RPA的功能与应用。内容以两款主流的RPA平台——UiPath与Blue Prism为基础，手把手讲解如何完成一个RPA项目。本书内容深入浅出，结合大量业务场景，涵盖开发RPA产品所需的各个方面。

适合的读者

公司决策层或管理层在阅读此书后，能清楚地了解RPA如何以一个虚拟员工的身份赋能企业。

流程实施人员（包括会计、文秘或行政人员）在阅读此书后，能清楚地了解RPA如何协助自身处理日常烦琐事务，提升自身价值。

程序员在阅读此书后，能够清楚地了解RPA这一AI解决方案，实现职业转型。

致谢

感谢凯捷咨询（中国）有限公司提供的RPA解决方案及License（许可证），感谢一群正在为RPA生态努力的小伙伴们（Minghui、Jason、Jackson、Lance、Rudo，等等）。

目录

第1章 初识 RPA ... 1
1.1 软件 or 硬件 ... 1
1.2 企业级 RPA 应用 1.0 到 4.0 ... 1
1.2.1 RPA 1.0 时代 ... 1
1.2.2 RPA 2.0 时代 ... 3
1.2.3 RPA 3.0 时代 ... 4
1.2.4 RPA 4.0 时代 ... 5
1.3 RPA 与按键精灵的区别 ... 6
1.4 RPA 与 AI 的区别 ... 8

第2章 RPA ... 10
2.1 RPA 的优势 ... 10
2.1.1 速度快 ... 10
2.1.2 应用广 ... 11
2.2 RPA 平台的优势 ... 11

第3章 UiPath ... 14
3.1 UiPath 简介 ... 14
3.2 有人值守机器人 ... 15
3.3 无人值守机器人 ... 17
3.4 UiPath 的开发平台 ... 17

		3.4.1 UiPath Studio 的基础布局 18
		3.4.2 UiPath 中最重要的三个功能 24
		3.4.3 Orchestrator 27
	3.5	UiPath Academy 41
	3.6	UiPath Task Capture 42
		3.6.1 UiPath Task Capture 简介 42
		3.6.2 UiPath Task Capture 操作指引 42
	3.7	UiPath 开发案例 47
		3.7.1 把文件从源文件夹移至目标文件夹 47
		3.7.2 Web 自动化 49
		3.7.3 E-mail 自动化 52
		3.7.4 Excel 自动化 55
		3.7.5 PDF 自动化 58
	3.8	UiPath 企业级开发框架 59
		3.8.1 初始化模块 60
		3.8.2 数据上传模块 69
		3.8.3 数据获取模块 70
		3.8.4 数据处理模块 73
		3.8.5 流程结束模块 80
	3.9	UiPath 平台的企业级架构 81
		3.9.1 UiPath 平台的高可用性方案 81
		3.9.2 UiPath 平台的灾备方案 82
	3.10	UiPath 报表平台 83
第 4 章	Blue Prism 86
	4.1	Blue Prism 简介 86
	4.2	Blue Prism 的主界面 86
		4.2.1 Home 模块 87
		4.2.2 Studio 模块 88
		4.2.3 Control 模块 89
		4.2.4 Analytics 模块 90
		4.2.5 Releases 模块 90
		4.2.6 System 模块 91
	4.3	Blue Prism Studio：如何进行流程自动化开发 96

  4.3.1　Process Studio 96
  4.3.2　Object Studio 127
 4.4　Blue Prism 的四种架构 137
 4.5　Blue Prism 的开发规范 143
  4.5.1　Object 的使用规范 143
  4.5.2　DataItem 的编写规范 144
  4.5.3　Process 的编写规范 145

第 5 章　RPA 的未来 147
 5.1　AI 会成为 RPA 实施中的必需品 147
 5.2　RPA 的云端部署 148
 5.3　降低 RPA 代码编写的难度 149

第 1 章

初识 RPA

1.1 软件 or 硬件

机器人流程自动化（Robotic Process Automation，RPA）是指利用具有人工智能（Artificial Intelligent，AI）和机器学习（Machine Learning，ML）功能的软件，处理需要由人工执行的大批量、可重复的任务。这些任务包括查询、计算和记录，以及事务的维护等。也就是说，RPA 是一个基于软件的解决方案，而并非像咖啡机一样拥有物理机械装置而进行的自动化硬件[1]。

1.2 企业级 RPA 应用 1.0 到 4.0

2018 年年初，知名咨询公司 Everest Group 给出了一份报告，该报告调查了来自欧洲、亚洲、大洋洲和北美洲的近 72 家全球性企业，其中 98% 的企业已经开始使用 RPA。该报告分别从 RPA 的解决方案、RPA 软件的安全性、RPA 软件的可扩展性及 RPA 的全面性这 4 个维度进行了展开描述。

1.2.1 RPA 1.0 时代

在 RPA 1.0 时代，最令人瞩目的是 Excel 的宏。1993 年，Excel 第一次以 Office 套件的形式进入办公软件，开始支持 VBA（Visual Basic for Applications）。VBA 是一款功能强大的工具，

---

[1] 在按下自动研磨式咖啡机的"开始"按钮后，咖啡机开始自动工作，在恒温条件下研磨咖啡豆，自动加入黄金比例的鲜奶，最后制成一杯醇香的咖啡。

从严格意义上来说，只有部分 RPA 产品具备 AI 功能，如 Automation Anywhere 以及 UiPath 等。

它使Excel形成了独立的编程环境。通过使用VBA和宏，人们可以把手工步骤自动化。VBA允许用户创建消息输入框来获得用户输入的信息。

除Excel的宏外，屏幕抓取和简单脚本的编写也诞生于RPA 1.0时代，其代表者是JavaScript。

最初创建JavaScript是为了"make web pages alive（激活网页）"，因此，JavaScript的最初命名为LiveScript。用JavaScript编写的程序称为脚本。脚本可以直接写在网页的HTML中，并在页面加载时自动运行。JavaScript可以做与网页操作、用户交互和Web服务器相关的所有事情。

例如，在浏览器中的JavaScript能够：

（1）将新的HTML添加到页面，更改现有内容，或修改样式。

（2）通过JavaScript脚本获取用户鼠标点击、指针运行和键盘按键等与计算机交互的操作事件。

（3）通过网络将请求发送到远程服务器，下载和上传文件（即AJAX和COMET技术）。

（4）获取并设置cookie，向访问者提问并显示消息。

（5）记住客户端上的数据（"本地存储"）。

注意：网页上的JavaScript无法读写硬盘上的任意文件，不能直接访问操作系统，而这正是JavaScript最大的一个弊端。

如图1-1所示，总体而言，虽然JavaScript能够很好地支持当前的动态页面或静态页面，但是无法与其他网站、其他服务器或本地操作系统进行交互。

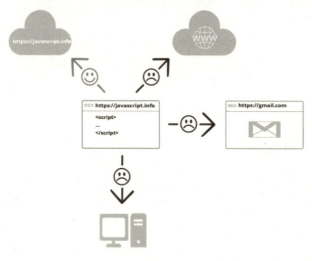

图1-1

1.2.2 RPA 2.0 时代

在 RPA 2.0 时代，流行的 RPA 产品开发平台有 UiPath、BluePrism、Automation Anywhere 和 WorkFusion 等。它们广泛应用于业务流程外包（Business Process Outsourcing，BPO）和共享服务市场中。此阶段的产品允许用户以可视化的方式、使用拖放功能建立流程管理工作流，从而将重复的工作自动化。该工作流主要针对的是有固定规则的、结构化的数据。这种方式降低了用户的使用门槛，用户无须拥有专业的编码知识即可迅速获取数据与搭建流程。

1. UiPath

UiPath 是高度可扩展的机器人过程自动化工具，用于将任何桌面或 Web 应用程序自动化，它允许全球企业为组织设计和部署机器人劳动力。UiPath 的特点如下：

（1）UiPath 可以托管在虚拟终端或云环境中。

（2）UiPath 可以为许多应用程序提供支持，如 Web（Orchestrator）和桌面应用程序（UiPath Studio 和 UiPath Bot）。

（3）自动登录功能可运行机器人。

（4）与.NET、Java、Flash、PDF、Legacy 或 SAP 配合使用的抓取方案，绝对准确。

2. Blue Prism

Blue Prism 通过自动化，帮助企业运行手动的、基于规则的后台重复办公流程，不仅使企业的业务运作变得更加敏捷，而且可以降低成本，提升效益。该工具提供了类似设计师的流程图，具有拖放功能，可自动执行各种业务流程。Blue Prism 的特点如下：

（1）拥有强大且功能丰富的分析套件。

（2）不需要编程技能即可实施。

（3）可建立高效的、自动化的端到端业务流程。

（4）改进的控制室可提供实时反馈。

3. Automation Anywhere

Automation Anywhere 可将常规 RPA 与智能元素（例如，语言理解或读取任何非结构化数据）结合在一起，它的特点如下：

（1）可实现业务和 IT 运营的智能自动化。

（2）使用 Smart 自动化技术。

（3）可将复杂的任务快速自动化。

（4）可将任务分配给多台计算机。

（5）提供无脚本自动化。

4．WorkFusion

WorkFusion 是软件即服务（SaaS）在线开发计算平台，通过获取机器人处理过程中产生的数据，监视机器人自动化的投入产出比（ROI），帮助人们管理企业内部所有部署的机器人。WorkFusion 的特点如下：

（1）只需按一下按钮即可自动化执行任务。

（2）可根据需要部署机器人，实现企业级自动化。

（3）可与不同工作站上的多个用户进行协作。

（4）可在整个团队中实现自动化。

1.2.3 RPA 3.0 时代

在介绍 RPA 3.0 时代之前，先介绍几个基本概念——结构化数据与非结构化数据，以及规则性流程与非规则性流程，帮助读者理解 RPA 3.0 时代出现的原因。

1．结构化数据与非结构化数据

结构化数据是指可以通过数据库二维逻辑表来表示的数据，它严格地遵循数据格式与长度规范，主要通过关系数据库进行存储和管理，如表 1-1 所示。

表 1-1

姓　　名	性　　别	身份证号
张三	男	44100xxxxxxxx
李四	女	44030xxxxxxxx

非结构化数据是指数据结构不规则或不完整，即没有预定义的数据模型，不方便使用数据库二维逻辑表来表示的数据，如办公文档、文本、图片、HTML、各类报表、图像、音频和视频信息等。

例如，虽然每家保险公司都有自己的保单，并且各保险公司保单的内容都属于结构化数据，但是若想对不同保险公司的保单信息进行提取，则通常是没有一个具体的数据模型可以涵盖所有不同类型的保单信息的。因此对于这种业务场景而言，各个公司不同的保单信息其实也属于非结构化数据。

2．规则性流程与非规则性流程

一般来说，规则性流程可以使用流程图进行展示，即可以对流程实施过程中的所有情况进行穷举。

例如，一个部门的请假流程：首先员工填写固定的休假申请表单或表格，然后将其提交到直属经理。若直属经理审批，则请假成功。若直属经理否决，则请假失败。

非规则性流程在很大程度上是依靠人为的经验或情感来实施的，并没有非常明确的指引。

例如，每年公司都会对员工进行绩效评估，纵使大部分公司都有一定的指标来衡量各个员工的绩效，但是在评分过程中，仍然会依赖人为的情感因素或是横向团队的对比数据，这种就属于非规则性流程。一般来说，对非规则性流程进行流程自动化的实施是非常困难的。

如今，市面上的部分 RPA 产品已经进入 RPA 3.0 时代，如 Automation Anywhere、WorkFusion 等。这些产品通过嵌入光学字符识别或光学字符读取器（Optical Character Recognition，OCR）的功能，以及机器学习，可以处理非结构化数据及非规则性流程。

OCR 是指将手写或印刷文档通过电子或机械转换为可机器编码的文本，是从纸质数据中获取数字数据的一种形式。例如，把扫描的文档、文档的照片、场景的照片或叠加在图像上的字幕文字等转换为可机器编码的文本。

OCR 实施场景如图 1-2 所示。

第 1 步，将需要处理的纸质版本文档通过扫描仪转换成图片。

第 2 步，使用 OCR 把这些图片转换为可机器编码的文本，如发票号、订单号、订单金额等。

第 3 步，使用 RPA 进入系统待录入界面，录入第 2 步中的可机器编码的文本。

第 4 步，将结果保存到指定目录。

图 1-2

1.2.4　RPA 4.0 时代

在此之前，虽然所有的 RPA 产品都是基于图形化开发的，大大降低了程序开发的难度，但根据笔者的经验，即便对非程序员进行一个月的（每天大概 4 个小时）封闭式培训，依然不佳。但是，当进入 RPA 4.0 时代之后，RPA 产品便具有深度学习（即神经网络学习）的能力。通过录像机器人学习并且模拟员工日常操作，在学习一定次数之后，即可不通过任何代码的编译来模拟人类，从而使流程自动化或智能化。

1.3　RPA 与按键精灵的区别

这里讨论的按键精灵是针对个人 PC 版本的，移动端的按键精灵在这里不做详细展开。早在 2014 年或者更早的时候，风靡大江南北的按键精灵工具开始流行于各大公司及各职业玩家的圈子里。对于公司职员而言，按键精灵的主要作用是帮助他们点击如 E-Learning 课程中的"下一步"按钮，又或者用它自动处理表格、文档，或自动收发邮件等。总而言之，任何"有点烦"的电脑操作都可以由按键精灵来完成。对于职业玩家来说，按键精灵可以实现自动打怪、自动补血、自动说话等一系列看似非玩家控制角色（Non Player Character，NPC）的活动。

NPC 的概念最早起源于单机版游戏，后来逐渐延伸到整个游戏领域。举个最简单的例子，在游戏中买卖物品时，需要点击的那个商人，或是做任务时需要必须与之对话的那个人物就是 NPC。

乍一看按键精灵不就是 RPA 吗？二者有何不同？或者说按键精灵是不是 RPA 的始祖呢？下面详细介绍。

工作原理

按键精灵的核心程序是 VBS，它可以通过添加一些简单的 if else 或 do while 的逻辑判断，模拟键盘或鼠标的点击操作。按键精灵的点击操作是基于屏幕像素点位置的，而非反编译具体程序里面的一个特定的按钮或者图片。按键精灵模拟键盘、模拟鼠标的部分源码如下，从中可以比较清楚地看到按键精灵的工作原理。

模拟键盘：
```
VOID keybd_event(
    BYTE bVk,                  // 虚拟键码
    BYTE bScan,                // 扫描码
    DWORD dwFlags,
    ULONG_PTR dwExtraInfo      // 附加键状态
);
```

模拟鼠标：
```
VOID mouse_event(
    DWORD dwFlags,
    DWORD dx,                  // 定义点击图像的 x 轴坐标
    DWORD dy,                  // 定义点击图像的 y 轴坐标
    DWORD dwData,              // 定义鼠标轮滑移动距离
```

```
    ULONG_PTR dwExtraInfo
);
```

下面以市面上主流的 RPA 产品 UiPath 为例,讲解 RPA 的工作原理。UiPath 是一款基于.NET 开发平台,通过运用反编译 Windows/Java 句柄机制,以及 OCR 技术的流程自动化产品。它不仅有简单的逻辑判断,还嵌套了许多第三方平台的 API,可以更好地满足市场上各种系统之间的数据传输或交互等操作。为了更深入地了解 RPA 的工作原理,下面添加一段 UiPath 自动化读取并写入 notepad 的操作。UiPath 的可视化编程界面如图 1-3 所示。

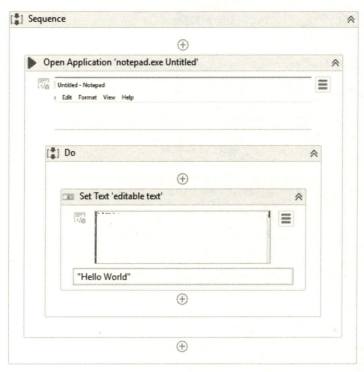

图 1-3

其源码如下所示:

```
<Activity mc:Ignorable="sap sap2010" x:Class="Main"
mva:VisualBasic.Settings="{x:Null}"
sap:VirtualizedContainerService.HintSize="702,651"
sap2010:WorkflowViewState.IdRef="ActivityBuilder_1"
xmlns="http://schemas.microsoft.com/netfx/2009/xaml/activities"
xmlns:mc="http://schemas.openxmlformats.org/markup-compatibility/2006"
xmlns:mva="clr-namespace:Microsoft.VisualBasic.Activities;assembly=System.Activ
ities"
xmlns:sap="http://schemas.microsoft.com/netfx/2009/xaml/activities/presentation
"
xmlns:sap2010="http://schemas.microsoft.com/netfx/2010/xaml/activities/presenta
tion" xmlns:scg="clr-namespace:System.Collections.Generic;assembly=mscorlib"
```

```xml
      xmlns:sco="clr-namespace:System.Collections.ObjectModel;assembly=mscorlib"
      xmlns:ui="http://schemas.uipath.com/workflow/activities"
      xmlns:x="http://schemas.microsoft.com/winfx/2006/xaml">
  <TextExpression.NamespacesForImplementation>
    <sco:Collection x:TypeArguments="x:String">
      <x:String>System.Activities</x:String>
      <x:String>System.Activities.Statements</x:String>
      <x:String>System.Activities.Expressions</x:String>
      <x:String>System.Activities.Validation</x:String>
      <x:String>System.Activities.XamlIntegration</x:String>
      <x:String>Microsoft.VisualBasic</x:String>
      <x:String>Microsoft.VisualBasic.Activities</x:String>
      <x:String>System</x:String>
      <x:String>UiPath.Core</x:String>
      <x:String>UiPath.Core.Activities</x:String>
    </sco:Collection>
  </TextExpression.NamespacesForImplementation>
  <TextExpression.ReferencesForImplementation>
    <sco:Collection x:TypeArguments="AssemblyReference">
      <AssemblyReference>System.Activities</AssemblyReference>
      <AssemblyReference>Microsoft.VisualBasic</AssemblyReference>
      <AssemblyReference>mscorlib</AssemblyReference>
      <AssemblyReference>System.Data</AssemblyReference>
      <AssemblyReference>System</AssemblyReference>
      <AssemblyReference>System.Drawing</AssemblyReference>
      <AssemblyReference>System.Core</AssemblyReference>
      <AssemblyReference>System.Xml</AssemblyReference>
    </sco:Collection>
  </TextExpression.ReferencesForImplementation>
  <Sequence sap:VirtualizedContainerService.HintSize="376,151" sap2010:WorkflowViewState.IdRef="Sequence_1">
    <sap:WorkflowViewStateService.ViewState>
      <scg:Dictionary x:TypeArguments="x:String, x:Object">
        <x:Boolean x:Key="IsExpanded">True</x:Boolean>
      </scg:Dictionary>
    </sap:WorkflowViewStateService.ViewState>
<ui:MessageBox Caption="{x:Null}" ChosenButton="{x:Null}" DisplayName="Message Box" sap:VirtualizedContainerService.HintSize="334,59" sap2010:WorkflowViewState.IdRef="MessageBox_1" Text="[&quot;欢迎来到RPA的世界&quot;]" />
  </Sequence>
```

1.4 RPA 与 AI 的区别

经常有人询问 RPA（机器人流程自动化）和 AI（人工智能）的区别，甚至有人将两者混为一谈，觉得 RPA 就是 AI 的一部分。

下面来看 RPA 和 AI 的定义。

RPA 指的是使用"预配置的软件实例,该实例使用业务规则和预定义的活动编排来完成一个或多个不相关的软件系统中的流程、活动、事务和任务组合的自主执行,为人们提供异常管理的结果或服务。"

AI 是"认知自动化、机器学习、推理、假设生成和分析、自然语言处理和有意算法突变的组合,产生人的能力或以上的洞察力和分析。"

从本质上来说,RPA 是一种模仿人类行为的软件机器人,而 AI 则是让机器来模拟人类。

在最基本的层面上,RPA 与"做"有关,而人工智能和机器学习分别与"思考"和"学习"有关。我们可以把 RPA 比喻为人的肌肉,把 AI 比喻为人的大脑。

下面以发票处理为例,介绍二者的不同。

供应商通过电子邮件向 A 发送电子发票,A 首先把发票下载到文件夹,然后从发票中提取相关信息,最后在会计软件中创建账单。在这种情况下,RPA 适用于自动执行检索电子邮件这部分工作(为简单起见,检索均基于电子邮件的主题),将附件(即发票)下载到已定义的文件夹中,并在会计软件中创建账单(主要通过复制、粘贴操作)。另一方面,AI 需要智能地"读取"发票,并提取相关信息,如发票号、供应商名、开发票日期、产品描述和金额等。

发票上的数据是半结构化数据,不同的供应商有不同的发票模板和格式,并且不同发票中的订单数量也不相同。由于 RPA 中的每个活动都需要明确编程或编写脚本,所以并不知道在哪里提取每张发票的相关信息。而 AI 可以智能地解码发票中的每一项具体内容。在下载发票后,AI 可以通过 OCR 技术提取所需信息,然后操作员再将工作交回 RPA,从而在系统创建发票之前验证这些信息。从这个例子中我们可以看出 RPA 与 AI 的不同,RPA 只是针对流程中的结构化数据进行自动化,而对于非结构化数据,则需要使用 AI 进行处理(如例子中所用的 OCR 技术)。

RPA 和 AI 之间的另一个重要区别在于它们关注的重点不同。

RPA 主要针对重复的、基于规则的流程。通常来说,这些流程需要在不同系统之间进行集成。例如在报销时,首先需要在 OA 系统中创建发票,在拿到审批意见后,再登录报销系统进行报销。

AI 更加关注的是如何进行数据分析,并对其分析结果进行学习,帮助人们进行校验工作。

其实,RPA 与 AI 属于 IA(智能流程化)的不同端点,我们不能简单粗暴地将它们混为一谈。

目前来看,RPA 已经成为登上智能自动化数字阶梯的第一步。

第 2 章 RPA

2.1 RPA 的优势

2.1.1 速度快

"天下武功,唯快不破。RPA 之所以能够成为时代的宠儿,与它的"快"不无关系。下面就通过一个例子,来看看开发一个普通的基于 Java 的 Web Service 服务与 RPA 相比,开发时间与运维时间究竟相差多少?

- 一个熟悉 SSM 框架的、有 2 年经验的普通程序员,市场上乙方公司给出的报价为 2500 元/天。
- 一个对 Excel Macro 比较了解的业务人员(RPA),市场上乙方公司给出的报价为 1500 元/天。

Web Service 服务的主要业务是根据合同号获取 Siebel 系统的合同参数,然后把这些参数回传到 OA 系统。

具体比较如表 2-1 所示。

表 2-1

项 目	Web Service	RPA
服务器申请	5 天	5 天
搭建框架时间(Tomcat/Database/……)	2 天	0.5 天
数据库相关表读取权限申请	10 天	0 天
开发	10 天(Siebel 系统开发,OA 系统开发,WebService 接口开发)	5 天

续表

项　　目	Web Service	RPA
测试（SIT/UAT）	3 天	3 天
上线	3 天	3 天
运维（数据库表变更，界面变更，业务逻辑变更）	3 天，重新打包发布，并且修改 Dao 层	0.5 天，界面变更修改
人天合计	36 天	17 天
成本合计	90 000 元	25 500 元

从表 2-1 中可以直观地看出，若采用 RPA 的解决方案，则无论从人天的比对，还是成本的比对，都有非常大的优势。这就是 RPA 解决方案逐渐流行起来的原因。

2.1.2　应用广

RPA 涉及的系统领域如图 2-1 所示。从本质上来说，任何大体量、业务规则驱动、可重复的流程都可以实现自动化。与系统是否是基于 J2EE、Java We、C#、.NET 开发没有任何关系。

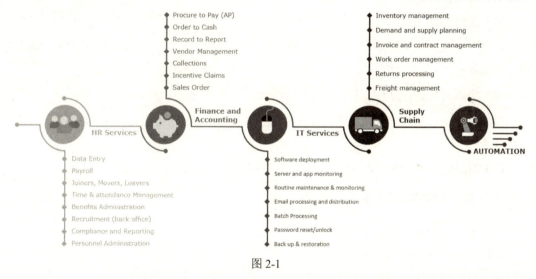

图 2-1

2.2　RPA 平台的优势

1．RPA 平台的健壮性

（1）高内聚、低耦合

RPA 平台提供了大量成熟的组件，这些组件之间并不孤立，只要选取合适的组件，就能够完成一系列人工在系统上的操作。例如，首先打开 Excel 文档，然后读取对应 sheet 的内容，接着对数据进行简单筛选操作，最后保存文档。这 4 步基本在任何一款 RPA 的产品里面都有各自的组件，组合运用即可。

（2）元素操控的精确性

因为大部分企业采用的 RPA 产品都是基于 Unattended（无人值守）模式的，所以在该过程中，机器人只能通过后端的方式运行。也就是说，在此期间用户不能随时查看机器人的状况。在面临服务器的分辨率及颜色问题，或系统间的网络传输及稳定性问题时，无人值守模式下运行的机器人能够保证 100%成功获取相应页面元素，并且完成流程自动化工作。

（3）成熟的日志机制

市场上成熟的 RPA 产品，如 Blue Prism、UiPath、WorkFusion 等，无论有人值模式，还是无人值守模式，均提供完整的日志机制，包括机器人具体每一步的操作，以及记录每一条事务的输入和输出等。

2．RPA 平台的高安全性

（1）集成 SVN 功能

市场上成熟的 RPA 产品均已集成 SVN[1]功能，可以通过不同角色权限追踪代码提交状态，满足审计要求。

（2）集成网络安全相关控件

市场上成熟的 RPA 产品，均已集成网络安全相关控件，无须通过安装第三方插件即可满足审计要求。

（3）在机器锁屏的情况下，无人值守模式运行的机器人可以正常运行

3．RPA 平台的简易部署

（1）任务排程

市面上主流的 RPA 产品基本已经集成了计划、排队和管理其他机器人的功能，能够提供良好的机器人控制和管理功能，包括简单的调度，根据预定义方案对机器人进行排队，以及有条件地执行事件驱动的触发器等。指定的管理员还可以访问相应的工作流程仪表板，轻松跟踪机器人的状态和活动，识别发生异常的位置和原因。

---

[1] SVN（subversion）是一个开放源码的版本控制系统，它采用分支管理系统进行高效管理。当多个人共同开发同一个项目时，通过 SVN 可共享资源，最终实现集中式的管理。

（2）异常监控

RPA 提供了非常好的日志记录机制，机器人在业务系统上的每步操作都有迹可循。一旦机器人发生异常，相关运维人员可以及时地进行排查，定位出错位置，从而在最短时间内恢复业务。这对于大型企业实施 RPA 的解决方案提供了很好的服务等级协议（Service-Level Agreement，SLA）保证。

（3）支持模式

RPA 能够针对不同的业务场景为用户提供有人值守模式和无人值守模式运行的机器人。因为并非所有业务流程都适合全自动处理或使用无人值守模式的机器人，所以大多数企业需要将两者结合起来。

4．RPA 编写代码的非侵入性与简易性

（1）非侵入性

RPA 解决方案可以与以计算机为中心的 UI 层集成业务流程，这对企业来说非常重要。对于希望实现流程自动化的 BPO 服务提供商而言，在过去的很长一段时间内，系统集成都是一大难题，因为通常不允许 BPO 服务提供商更新客户端的基础 IT 系统。

（2）大量可重复使用的自动化组件库

大量可重复使用的工作流、方法等自动化组件库可加快跨过程自动化。

（3）轻松进行机器人编码

操作人员可以通过拖放的方式进行机器人编码。

（4）使用内置记录功能创建机器人

内置记录功能非常有用，如果自动化的过程非常简单，则不需要修改任何参数。

第 3 章

UiPath

3.1　UiPath 简介

从商业角度来说，UiPath 有两层含义，它既是公司名，也是 RPA 产品的名称。UiPath 公司由罗马尼亚企业家 Daniel Dines 和 Marius Tirca 于 2005 年创立，是一家开发机器人流程自动化（RPA 或 RPAAI）平台的全球软件公司。该公司成立于罗马尼亚布加勒斯特，后来在伦敦、纽约市、班加罗尔、新加坡市、东京、深圳和上海开设办事处。

通过获取 Windows 句柄的机制，UiPath 产品不仅是基于 .NET 的一个集成开发环境（Integrated Development Environment，IDE），同时还具备运行环境及云部署调度平台的功能。

小贴士：我们可以把句柄理解为操作系统为窗体分配的虚拟内存地址，为每一个在操作系统上运行的软件赋予的一个身份。当然，句柄不仅仅是一个数值，它在 Windows 里面是一个有多个属性的结构体。句柄机制不仅可以用在窗体程序上，操作系统内部的很多运行资源都会用到句柄。

UiPath 的经典架构如图 3-1 所示，其包括了有人值守机器人（编号①）、无人值守机器人（编号②）、UiPath 的调度中心（编号③）、UiPath 的开发平台（编号④）和 Uipath 的开源报表中心（编号⑤）。X-Pack 组件（编号⑥）是 Uipath 开源报表中心的套件，是 Kibana 仪表盘的补充。需要特别说明的是，这张图中并没有考虑灾备方案，但是在一般企业级应用 RPA 解决方案中，灾备方案是必须要考虑的。

第 3 章　UiPath　15

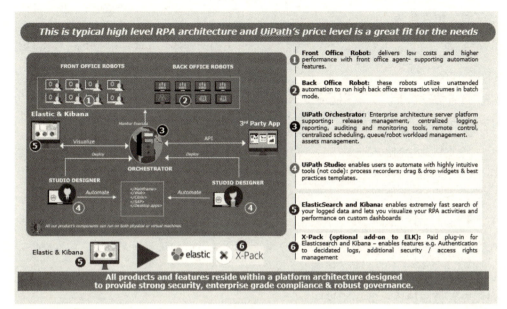

图 3-1

3.2　有人值守机器人

1．有人值守机器人分类

有人值守机器人分为两大类：Name Locked 与 Multi User。其中 Name Locked 与 Windows 账号是一对一的关系。具体来说，即一个 License 只能绑定一台物理机或虚拟机，并且只能绑定一个 Windows 账号，如图 3-2 所示。Multi User 与 Windows 账号是一对多的关系，即一个 License 最多可以绑定 3 个 Windows 账号，如图 3-3 所示。

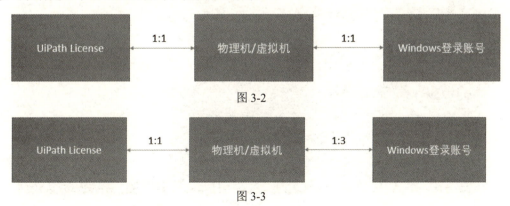

图 3-2

图 3-3

2．有人值守机器人的功能

以手动触发方式使用 UiPath 开发平台（只读）上的运行流程，或使用 UiPath UiBot 在虚拟机或物理机上运行流程。

3．有人值守机器人的适用场景

因为该 License 只支持手动触发，因此适用以下几种场景：

（1）不定时执行的流程。如客服人员经常需要通过查阅几个系统的信息来回复用户提出的问题，而用户提问的时间并不固定，此时适合使用有人值守机器人。它可以实现人机交互操作，在客服人员与用户进行沟通时，机器人可以完成查询相关的任务。

（2）需要人工检验机器人运行的过程信息，如人工校验识别扫描文档数据是否准确等。

（3）企业在实施 RPA 初期，通常并没有太多需要通过自动化流程来实现的内容，此时可快速试验 RPA 是否适合企业。

4．有人值守机器人的局限性

不可以进行代码编辑，不可以在 UiPath 的调度中心上进行调度。

补充说明：UiPath Attended 模式还有一个 PIP 功能（画中画），即在机器人运行时可以不影响用户在界面上的正常操作。具体界面如图 3-4 所示。

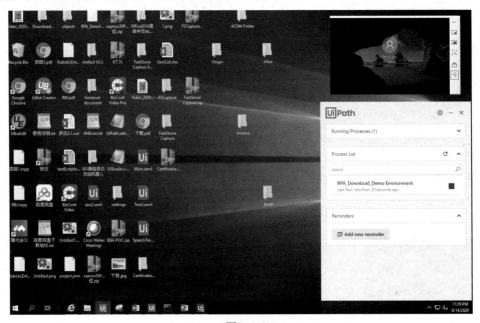

图 3-4

3.3 无人值守机器人

1．无人值守机器人分类

无人值守机器人可分为三大类：Named Locked、Multi User 和 Concurrent Robot。其中，Named Locked 和 Multi User 的原理与有人值守机器人的原理相似，不再赘述。Concurrent Robot 类别的 License 可以说是 UiPath 的划时代之作，因为一个 Concurrent 的 License 可以绑定在无限多台物理机或虚拟机上，并且没有账号的限制，只需保证这个 License 在当前状态只有一台机器被占用即可。

2．无人值守机器人的功能

可以集成到 UiPath 的调度中心，无须手动触发，即可在虚拟机或物理机上以前端或后端的方式启动机器人，并且运行该部署的流程。

3．无人值守机器人的适用场景

（1）每个月（每天）有固定时间、固定次数的运行流程。如每个月的月末或月初财务的清账，每周固定获取各个服务器的健康状态，并且生成报告发送到相关部门等。

（2）无须人工干预，机器人可以端到端地执行一个完整的流程。

（3）同一个流程适合大部分员工在各自的电脑上使用。

4．无人值守机器人的局限性

用户基本不会以可视化的方式观察机器人的运行状态，因而一旦出错，只能通过日志进行校验，不可以进行代码编辑。

3.4 UiPath 的开发平台

UiPath 的开发平台可分为社区版（Community）和专业版（Enterprise）两种。其中，社区版只支持学习及测试使用，如果是因为商业目的而使用 UiPath，则建议购买 UiPath 的 Studio License。

专业版的 UiPath Studio 可分为三种类型：Named Locked、Multi User 和 Concurrent Robot。类型之间的区别与无人值守机器人的一致。需要特别说明的是，在写作本书时，UiPath 已经添加了一种全新的平台，即 Studio X。Studio 和 Studio X 的对比如表 3-1 所示。

表 3-1

产品名称	部署方式	发布的版本	特 点
Studio	本地方式部署	2019 年 10 月 14 日发布了社区版	社区版完全免费，功能更加强大，但是并不能商用，只能作为学习使用
Studio X	本地方式部署	预计 2020 年正式发布（具体版本未定），2019 年 10 月发布了一个公测版的社区版	该产品契合了 UiPath 发展的核心，即人手一台机器人。Studio X 更进一步地简化了开发流程，让不会编程的人也可以进行自动化开发

UiPath Studio 可以进行代码编辑，有非常丰富的组件库可供使用。下面首先对 UiPath Studio 的整体布局进行讲解，帮助读者快速了解 UiPath 的各个功能点。其次对日常开发工作中容易被忽略的几个功能点进行概述。

3.4.1　UiPath Studio 的基础布局

UiPath Studio 的基础布局如图 3-5 所示。

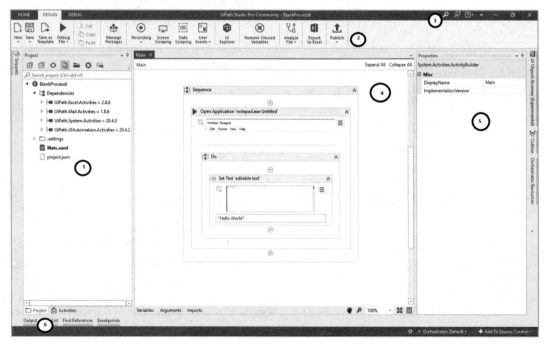

图 3-5

1. 编号①

该模块的第一个选项卡（Project）放置了项目所有可执行的流程及其分布，以及该项目需要运行依赖的包。第二个选项卡（Activities）放置了 UiPath 支持的所有控件，支持 Excel 操作的相关控件如图 3-6 所示。第三个选项卡（Snippets）放置了一些常用的方法，在日常开发中基本用不到，不再赘述。

图 3-6

2. 编号②

该模块从左往右顺序放置了创建流程、保存流程、保存模板、运行流程、引入第三方控件、屏幕录制、屏幕截取、网页表格遍历、获取键盘鼠标和在操作系统上的操作、获取操作系统上一切运行进程的元素（网页或 Windows 控件等）、一键移除冗余的变量、一键将流程转为 Excel 树状结构（很少用），以及将流程发布到本地（Attended 模式）或发布到 Orchestrator（Unattended 模式）等。

3. 搜索功能（编号③）

按照匹配字符串的原理，寻找项目代码中涉及搜索内容的所有活动。该功能在调试或者批量修改代码时非常有用。如图 3-7 所示，我们需要检查哪些代码引用了 notepad 字段，并进行修改。通过搜索功能，能够迅速定位目标代码并进行修改。

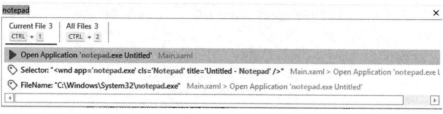

图 3-7

4．代码编辑（编号④）

开发人员上课通过拖曳的方式从编号①的 Activities 选项卡中将其所需要实现功能的活动（activity）移到该位置。例如，写一个 hello world。

（1）选择 Activities 选项卡中的 Write Line 选项，如图 3-8 所示。

图 3-8

（2）按住鼠标左键，将其拖曳到 Main 视图中，如图 3-9 所示。

图 3-9

第 3 章 UiPath

（3）单击"Run（运行）"按钮。

（4）查看结果，如图 3-10 所示。

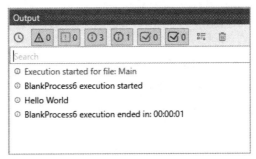

图 3-10

5．组件的属性（编号⑤）

下面介绍两款办公常用的组件，即 Outlook 组件和读取 Excel 组件。

（1）Outlook 组件

Outlook 组件如图 3-11 所示，即获取邮件的活动。图 3-12 所示为获取邮件活动对应的 Properties（属性）。

图 3-11

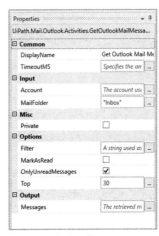

图 3-12

Common

- DisplayName：活动的显示名称。
- TimeoutMS：指定在引发错误之前等待活动运行的时间（以毫秒为单位），默认值为 30000ms（即 30s）。

Input

- Account：待检索邮件的账户。
- MailFolder：从中检索消息的邮件文件夹。

Options

- Filter：待检索邮件的筛选器的字符串。
- MarkAsRead：指定是否将检索到的邮件标记为已读。在默认情况下，不勾选此复选框。
- OnlyUnreadMessages：指定是否仅检索未读消息。在默认情况下，勾选此复选框。
- Top：从列表顶部开始检索的消息数。如果检索的消息数大于 30，则建议在 Int32.MaxValue 字段中使用.NET 函数。

Output

- Messages：输出的是一个 Message 的邮件对象。

（2）Excel 组件

在读取 Excel 中的内容之前，首先需要调用 Excel Application Scope，声明接下来的 Excel 操作来自哪个对象，如图 3-13 所示。

图 3-13

如图 3-14 所示是读取 Excel 的一个控件，它以图 3-15 所示的方式组合使用。

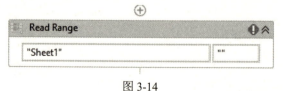

图 3-14

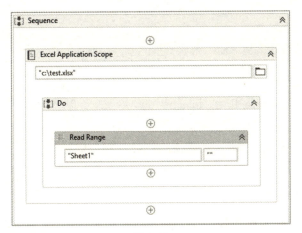

图 3-15

Read Range 的 Properties（属性）如图 3-16 所示。

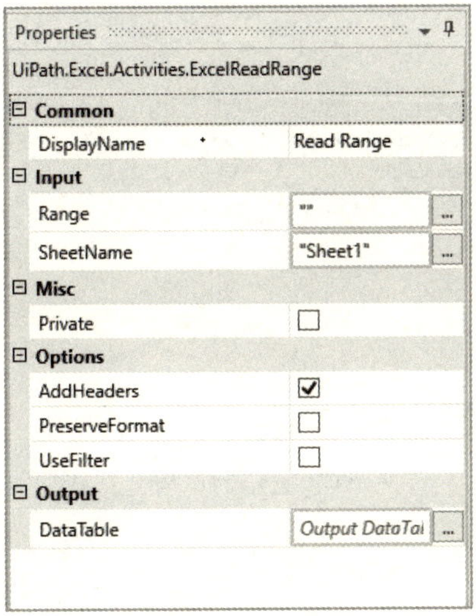

图 3-16

Common

- DisplayName：活动的显示名称。

Input

- Range：要阅读的范围。如果未指定范围，则会读取整个电子表格。如果将范围指定为单元格，则读取从该单元格开始的整个电子表格。仅支持字符串变量和字符串。
- SheetName：要阅读的范围所在的工作表的名称。在默认情况下，将其填充为"Sheet1"。仅支持字符串变量和字符串。

Misc

- Private：如果勾选该复选框，则该变量的值只会被该活动引用。

Options

- AddHeaders：提取指定电子表格范围中的列标题。在默认情况下，此复选框处于选中状态（设置为 True）。
- PreserveFormat：保留要读取的范围的格式。在默认情况下，不勾选该复选框。

Output

- DataTable：输出为 DataTable 类型，可以理解为是 Excel 中的一个表格。

6．查看代码运行的结果（编号⑥）

此结果包括报错信息、代码中的 Write Line 信息等，如图 3-17 所示。

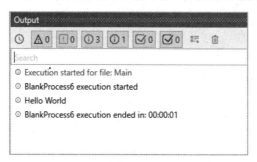

图 3-17

3.4.2　UiPath 中最重要的三个功能

在介绍完 UiPath Studio 的大致布局后，接下来介绍 UiPath 中最重要的三个功能。

1．UI Explorer

该功能相当于 UiPath 的"眼睛"，通过 UI Explorer，用户可以获取 Windows 系统上几乎所有的元素，从而进行流程的开发。

通过在 UiPath Extension 模块上安装如 Java、Citrix、Silverlight 等应用插件，可以获取网页上的所有元素、基于 Java 开发（如 JavaSE）的小程序、ERP 元素，以及 Citrix 上的元素等，如图 3-18 所示。

第 3 章　UiPath

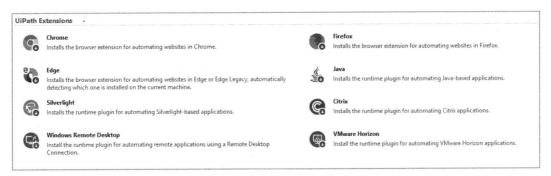

图 3-18

2. Manage Packages

可以在 Manage Packages 中找到除 UiPath 提供的基础组件库外的更多的组件库资源，这大大弥补了 UiPath 原生组件的不足。可供下载安装的资源分为两种，第一种是 UiPath 官方补充包，在 Official 模块中；第二种在 Go 模块中，基本都是由 RPA 爱好者有偿或无偿地在 UiPath 中发布的组件库。在这里要特别介绍一个组件库，它是用来优化 Excel 格式的，即 BalaReva.Excel.Activities，如图 3-19 所示。使用该组件可以自动生成各种图片，并且对 Excel 行列进行格式化。在未使用该组件之前，只能通过 Powershell 或 Macro 对 Excel 进行格式化操作。

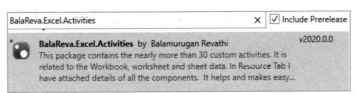

图 3-19

3. 断点功能（Breakpoints）

断点功能经常被开发者忽略，因为大家习惯了在调试代码时添加大量的 Write Line 或者 Message Box。其实这样做是非常危险的，因为一旦开发者忘记删除 Message Box，那么在正式环境中运行时，会导致机器人中断，使得流程无法向下执行。尽管添加 Write Line 看似对机器人流程运行不会造成太大的影响，但是在代码调试过程中，往往会因为写了太多 Write Line 而失去了调试的意义。

如何使用调试模式呢？其实非常简单，如图 3-20 所示，在 Get Text 'TEXTAREA source' 处添加断点即可，添加后的界面如图 3-21 所示。

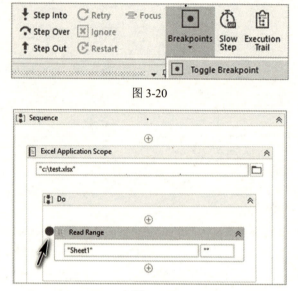

图 3-20

图 3-21

按 F11 快捷键，开启调试模式。分别使用 Step Into（逐步调试）和 Step Over（直接跳转到断点）进行代码调试。这样不仅可以通过可视化方式看到代码执行到了哪个位置（在调试过程中，执行到的组件会黄色高亮显示），还可以通过观察变量改变的情况进行代码调试，如图 3-22 所示。

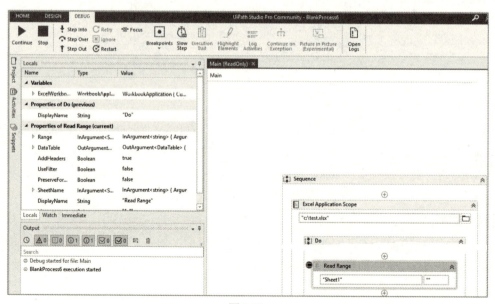

图 3-22

3.4.3 Orchestrator

3.4.3.1 Orchestrator 的主要功能

Orchestrator 是 UiPath 整个平台的调度中心，其主要功能如下。

1．机器人注册、调度、监控

无论有人值守机器人，还是无人值守机器人，都可以在 Orchestrator 上进行注册。在注册后即可看到机器人的状态，以及机器人正在哪一台物理机或虚拟机上运行。如果是无人值守机器人，那么在 Orchestrator 上即可实现定时自动运行任务，或者根据前置任务的状态自动运行任务。还可以通过 Orchestrator 上的仪表盘模式监控每个机器人的当前状态，如是否离线、是否出错，以及是否正在运行等，监控机器人运行的每条流程的状态是否成功。该模块的详细使用说明会在本章后面进行介绍。

2．机器人队列

只有当用户使用 Orchestrato 后才能获取的功能。通过机器人队列，也就是常说的 WorkQueue，从业务上可以实现让多台机器人并行处理同一个流程；从技术上可以实现更加专业化地开发，规范整个开发流程。

3．用户权限管理

机器人自身是没有权限控制的，除非通过写代码的方式。Orchestrator 自带的权限管理可以按照不同功能模块、不同机器人及机器人的不同操作进行权限划分。这不仅可以很好地满足审计需求，还可以避免在协同开发过程中权责不清的问题。

3.4.3.2 Orchestrator 的架构

Orchestrator 的架构如图 3-23 所示，从下往上看，底层是机器人，它通过 HTTPS 服务连接发布到安装在 Orchestrator 的 IIS 服务器上。Orchestrator 连接着数据库服务器（SQL Server）。同时，通过 Redis 进行两个 Orchestrator 之间的负载均衡。这个解决方案通常用于大型的 UiPath 应用场景中（根据笔者的经验，约 50 个机器人，每天至少运行 100 个流程）。Elasticsearch 和 Kibana 是一个开源的报表平台。Elasticsearch 是一个是基于文件形成的数据库，而并非关系数据库，它与 Orchestrator 之间是通过 HTTPS 的方式进行数据传输的。开发者在安装 Orchestrator 时选择对应的 Elasticsearch 服务地址，然后就可以直接在开发过程中使用 Log 的 activity 进行日志数据传输了。又或者直接通过 HTTPS 服务将机器人日志数据发送到 Elasticsearch 中。这两种实现模式会在本章后面展开说明。Kibana 模块与 Elasticsearch 是一对"兄弟"，Kibana 通过获取 Elasticsearch 的数据，将数据可视化。

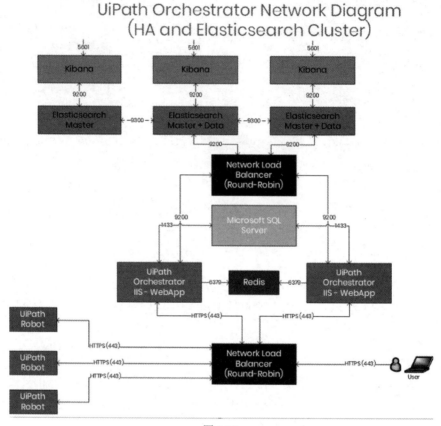

图 3-23

1. Orchestrator 的版本分类

Orchestrator 主要分为两个版本，第一个是本地部署版本，需要在 Windows 系统中的本地进行安装，而且需要 License。第二种是 UiPath 官网提供的免费云端版本，免费支持 2 个 Attended 的 robot、1 个 Unattended 的 robot 和 2 个 Studio 的开发平台（截至 2020 年 7 月 30 日）。

2. Orchestrator 的安装方法

在安装 Orchestrator 前，需保证系统的前置条件如下：

- Windows 操作系统：建议安装在 Windows Server 操作系统上，最低要求版本为 2008 R2 SP1。
- PowerShell 的最低要求版本是 4.0。
- .NET Framework 的最低要求版本是 4.7.2。
- IIS 的最低要求版本是 7.5。

- URL Rewrite：需要重定向 IIS 打开 website 的规定，将（https://servername）换成（http://servername），可以直接在 Microsoft 官网下载，见链接<3-1>。
- Server Roles and Features：直接运行该脚本即可，注意，需要管理员权限，因为需要修改 IIS 里面的配置。
- Web-Deploy extension 的最低要求版本是 3.5，64bit version。

安装 Orchestrator 的方法一共有三种。第一种是从 UiPath 官网下载 Windows Installer 进行安装。第二种是在 Azure 上进行安装。第三种是通过 UiPath 平台进行安装。下面以第一种安装方法为例，展开说明。

（1）运行 Windows Installer（UiPathOrchestrator.msi），显示 UiPath Orchestrator 设置向导。

（2）勾选"我接受许可协议中的条款"复选框，单击"安装"按钮。如果在运行安装程序的计算机上安装了 URL Rewrite，则会显示 Orchestrator IIS 设置步骤。如果在运行安装程序的计算机上未安装 URL Rewrite，则会提示安装 URL Rewrite。

（3）根据需要更改 IIS 设置，如图 3-24 所示。

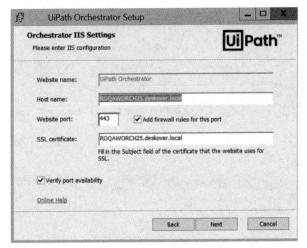

图 3-24

- Website name：网站名称。在默认情况下设置为 UiPath Orchestrator，并且无法编辑。
- Host name：主机名。用于标识在其上安装 Orchestrator 的设备。在默认情况下，它需设置为完整的计算机名。
- Website port：网站端口。用于启用计算机和 Orchestrator 之间的通信的端口。在默认情况下设置为 443，使该计算机能够使用 HTTPS。
- Add firewall rules for this port：为该端口添加防火墙规则。勾选该复选框后，将自动为此端口添加防火墙规则，保障计算机安全。

- SSL certificate：SSL 证书。用于保护与 Orchestrator 连接的 SSL 证书的名称。在默认情况下，它用完整的计算机名填充。
- Verify port availability：验证端口可用性。如果勾选此复选框，则检查指定的网站端口是否可用。

（4）单击"Next"按钮。显示"Orcherstrator Application Pool Settings（应用程序池设置）"页面，如图 3-25 所示。

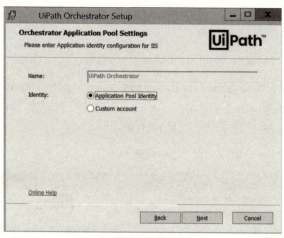

图 3-25

（5）单击"Next"按钮。显示"Orchestrator Database Settings（Orchestrator 数据库设置）"页面，如图 3-26 所示。

注意：应尽可能选择 SQL Server Allthentication 选项。

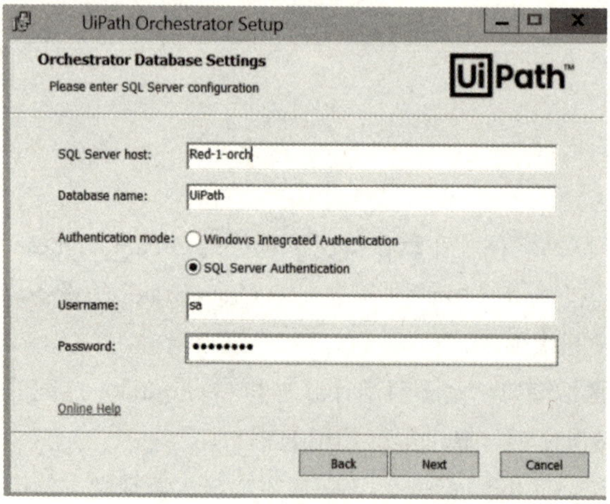

图 3-26

填写 SQL Server 信息字段，具体如下。

- SQL Server host：SQL Server 计算机名称。在默认情况下，它设置为 localhost（.）。如果不是默认实例，请使用 `MyMachine\MyInstance` 格式。可以在此处使用逗号指定自定义端口号，如 `MyMachine\MyInstance,800`。
- Database name：数据库名称。在默认情况下，它设置为 `UiPath`。注意，名称中不能出现单个空格、\、/、*、:、?、"、<、>、| 和、这些字符，名称最大长度为 123 个字符。
- Authentication mode：身份验证模式，即可以选择的 UiPath Orchestrator 网站身份验证模式，选项如下：
  - Windows Integrated Authentication：Windows 集成身份验证。这是默认选项，如果选择它，则 Orchestrator 使用检测到的 IIS 应用程序池的 Windows 账户连接数据库，并使用当前登录的 Windows 账户创建数据库。
  - SQL Server Authentication：SQL Server 身份验证。如果选择此选项，则将显示"Username（SQL 用户名）"和"Password（密码）"字段，也就是说，必须使用 SQL Server 用户名和密码登录。

（6）单击"Next"按钮，输入数据库名称和 Orchestrator 网站的名称。注意，这里输入的数据库名称应与前一步输入的数据库名称保持一致，如图 3-27 所示。

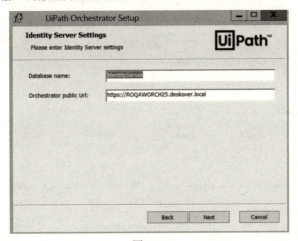

图 3-27

（7）单击"Next"按钮，输入 Insights 的数据库服务器名称及 Insights 数据库，需与前面输入的数据库名称不一致。这里的 Insights 属于 Uipath 的全新模块，主要用于流程分析及机器人 ROI 分析，如图 3-28 所示。

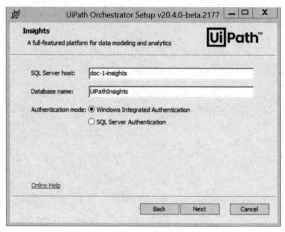

图 3-28

（8）单击"Next"按钮。SQL 连接已由安装程序验证，如果 SQL 连接无效，则显示一个对话框。如果 SQL 连接有效，则显示"Orchestrator Elasticserach Log Settings（Elasticsearch 日志设置）"页面，如图 3-29 所示。

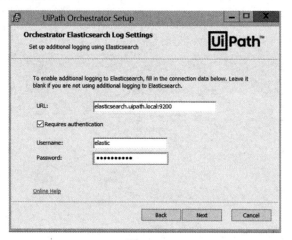

图 3-29

（可选）在字段中填写有关 Elasticsearch 实例的信息，如下所示：

- URL：将信息记录到 Elasticsearch URL。
- Requires authentication：身份验证。如果勾选此复选框，则表示需要对 Elasticsearch 实例进行身份验证，并将显示"Username"和"Password"字段。
  ➢ Username：Elasticsearch 用户名。
  ➢ Password：Elasticsearch 密码。

（9）单击"Next"按钮，显示"Orchestrator Authentication Settings（Orchestrator 身份验证设置）"页面，如图 3-30 所示。

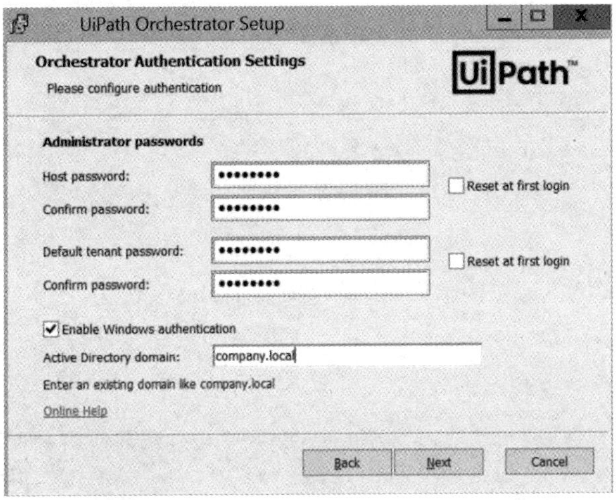

图 3-30

- Host password：主机密码。由主机管理员设置的自定义密码。注意，该密码至少包含 8 个字符，并且至少包含一个小写字母和一位数字。
- Confirm password：确认密码。
- Reset at first login：首次登录时重置。若勾选此复选框，则表示在首次登录时强制主机管理员重置密码，该密码也被称为一次性密码。
- Default tenant password：默认租户密码。为默认租户管理员设置自定义密码。
- Confirm password：确认密码。
- Reset at first login：首次登录时重置。若勾选此复选框，则表示在首次登录时强制默认租户管理员执行密码重置。该密码同样被称为一次性密码。
- Enable Windows authentication：启用 Windows 身份验证。如果勾选此复选框，则在 Orchestrator 中启用 Windows 身份验证并显示 Active Directory domain 字段。
- Active Directory domain：Active Directory 域。在 Orchestrator 中使用的 Active Directory 域，可以从中添加用户。

（10）单击"Next"按钮，显示"准备安装 UiPath"页面。

（11）单击"安装"按钮，即可把 Orchestrator 安装在以下位置（建议）：C:\Program Files (x86)\UiPath\Orchestrator。

（12）导航到 IIS 管理器。

（13）选择 Orchestrator 服务器，从中可以查看是否有相应更新。

(14)双击"功能委托"选项,显示"功能委托"视图。

(15)右键单击空白处,在弹出的快捷菜单中单击"身份验证—Windows—读取/写入"选项。

(16)启动网站。现在,就可以使用 Orchestrator 了。

3.4.3.3 Orchestrator Cloud

UiPath 的 Orchestrator Cloud 版本是免费的,使用邮箱即可注册使用。下面以该版本为基础,详细介绍 Orchestrator 的三个重要模块(机器人部署、调度、监控、队列管理,以及用户权限管理)。

Orchestrator 的主页如图 3-31 所示,左侧栏覆盖了 Orchestrator 的所有功能。从右侧的仪表盘可以清晰地看出目前在 Orchestrator 中的机器人数量和流程运行数量,以及它们对应的状态。

图 3-31

下面通过例子介绍如何把一个机器人从本地注册到 Orchestrator。

在接下来的示例中将要展示 License 类型。

- Enterprise Edition(企业版)的 UiPath Name User 的 Studio,当然,在 Community Edition(社区版)中也可以进行同样的操作;

- UiPath Cloud Orchestrator 平台，完全免费，不需要 License。

进入 UiPath 官网，申请 UiPath Enterprise Cloud，如图 3-32 所示。

图 3-32

完成注册后，进入 Enterprise Cloud Platform，其首页如图 3-33 所示。

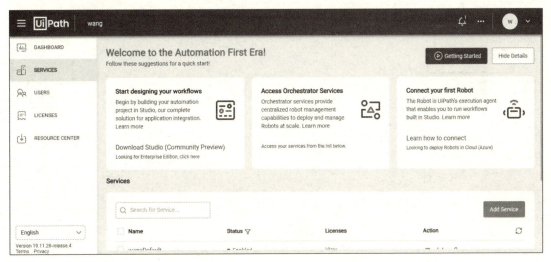

图 3-33

在右侧任务栏的 Download Studio/Studiox 中可以找到 UiPath Studio 的社区版（Community Edition）和 Studiox，如图 3-34 所示。

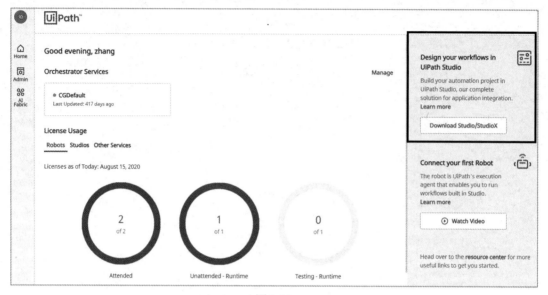

图 3-34

当下载完 UiPath 的 Studio 后，进入 Service 创建 Orchestrator 实例。因为这是一个试用（Trial）平台，因此最多只能创建一个 Service。创建完成后会出现一个属于我们自己的 Orchestrator 实例，如图 3-35 所示。

图 3-35

进入该实例，就成功进入了 Orchestrator，如图 3-36 所示。

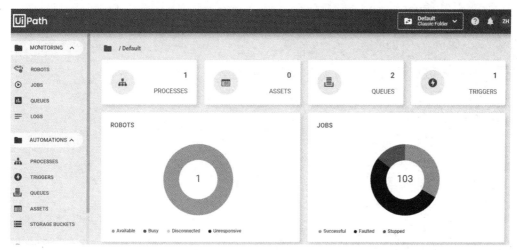

图 3-36

单击"MACHINES"选项,进入 Machines 界面,单击右侧的"➕(新增)"按钮,如图 3-37 所示。

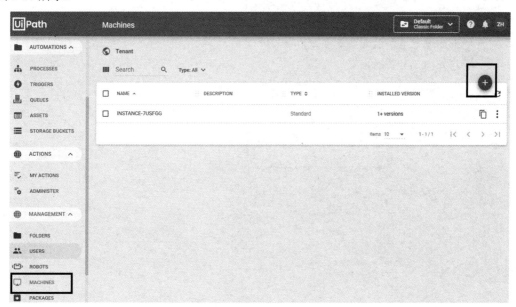

图 3-37

弹出"Provision A Standard Machine"对话框,输入机器人运行系统的机器名(虚拟机或物理机),以及对该机器的描述,单击"PROVISION"按钮,如图 3-38 所示。

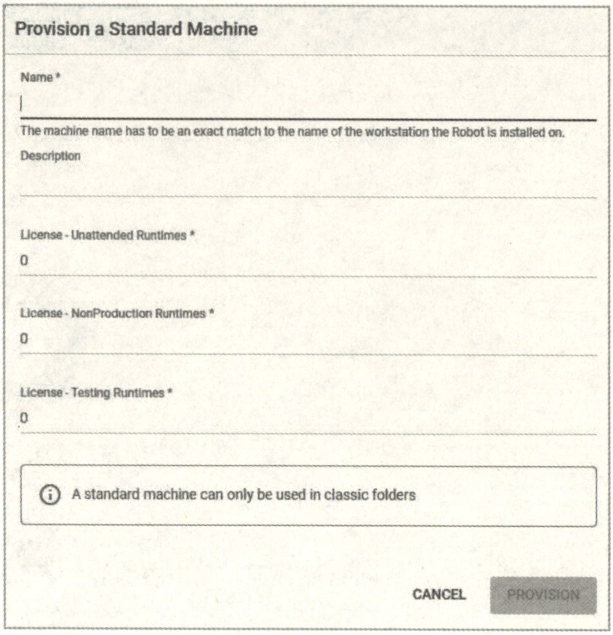

图 3-38

此时会生成关于这台机器名的 Machine Key，至此，我们就在 Orchestrator 上搭建好了机器人运行环境，如图 3-39 所示。

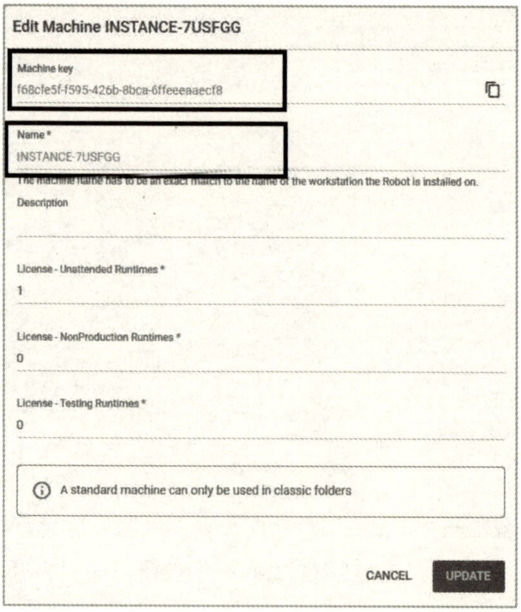

图 3-39

3.4.3.4 注册可运行的机器人

接下来的所有操作均需要系统管理员权限。在机器人运行环境中打开 UiPath Robot。

注意：是打开 UiPath Robot，而不是 UiPath 的 Studio。

单击任务栏中的 UiPath Robot 图标，可显示 UiPath Robot 界面，单击 UiPath 设置图标，如图 3-40 所示。

图 3-40

进入 Orchestrator Settings 界面，里面有三个必填项：Machine Name（机器名）、Orchestrator URL（用邮箱申请的 UiPath Cloud 的平台网址，见链接<3-2>）和 Machine Key（在 Orchestrator 上注册）。若出现"Status:Connected, Licensed"的提示，则证明这台机器的 UiPath Studio 已经连接上了 Orchestrator，如图 3-41 所示。

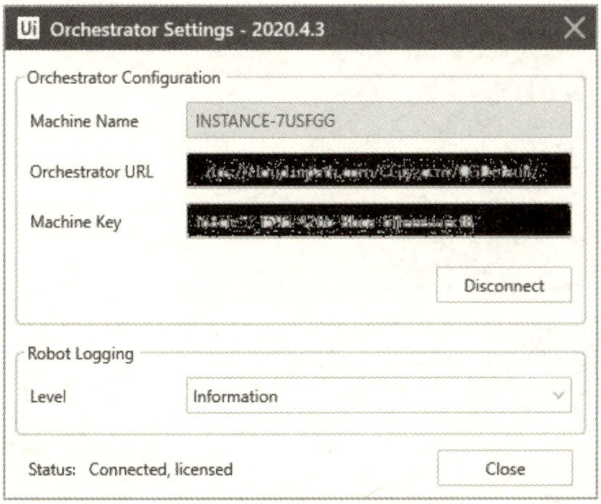

图 3-41

配置完成后，在 Orchestrator 上注册可运行的机器人。选择左侧任务栏的"ROBOTS"选项，单击"➕（新增）"按钮，如图 3-42 所示。

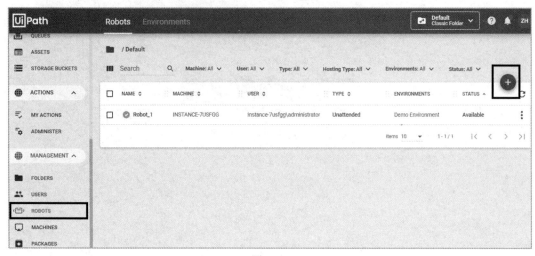

图 3-42

接下来演示如何创建一个 Unattended 的 robot。此时显示如图 3-43 所示界面，需要填写的内容如下。

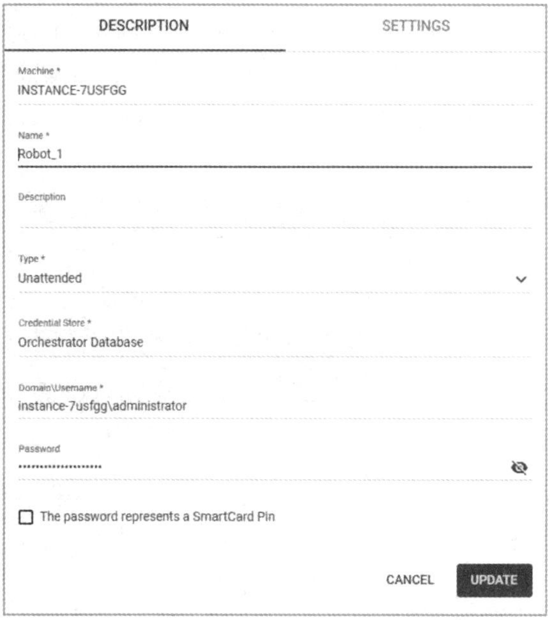

图 3-43

- Machine：刚刚新增的机器名。
- Name：该机器人的名称。
- Type：选择需要生成机器人的 License Type，这里选择的是 Studio。
- Description：对该机器人的描述。
- Credentials Store：默认保存在 Orchestrator Database 里面。
- Domain\UserName：机器人运行环境的域名及账号名，这里必须与系统的域名及登录名一致。
- Password：密码。

最后单击"CREATE"按钮，即可创建成功。

3.5 UiPath Academy

UiPath 学院（UiPath Academy）中的 RPA 入门课程是企业用户踏上 RPA 旅程的第一步，它会为 RPA "新手"提供有关 UiPath 生态系统的第一手见解，并介绍如何把自动化应用在业务和个人生活中。在 UiPath Academy 中，"新手"程序员可以学习这些基础课程，掌握 UiPath，开发人员、商业分析师、架构师和销售人员等不同角色都可以参与其中。在这里，可以了解 UiPath 的一切。

UiPath Academy 有英语、日语、法语、西班牙语、俄语和朝鲜语 6 种不同的语言可供学习。

下面正式开启 UiPath Academy 的"求学"之旅，UiPath Academy 的首页如图 3-44 所示。

图 3-44

找到 Level 1 RPA Developer Foundation 教程，所有准备从事 UiPath 开发相关的人员都应该学习这门课程，如图 3-45 所示。

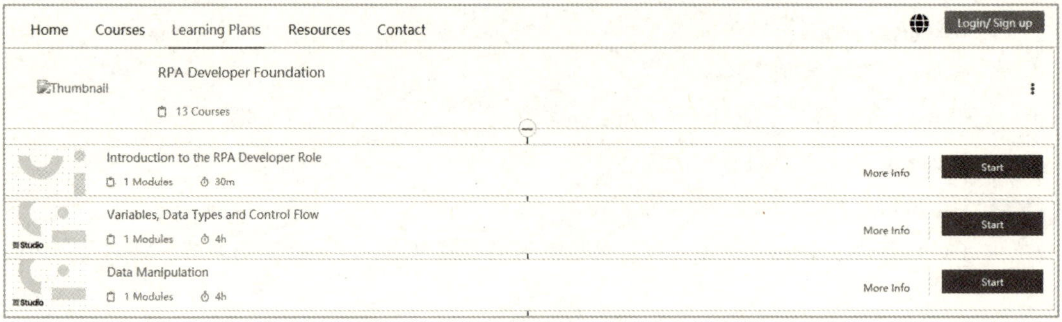

图 3-45

3.6 UiPath Task Capture

3.6.1 UiPath Task Capture 简介

UiPath Task Capture 是一个过程发现工具，可以帮助我们直接从员工那里获得有关员工自身负责流程自动化的可能性的详细见解。这款工具主要针对企业内部的流程专员，即便流程专员没有编程方面的技能，也不了解 UiPath，但通过 Task Capture，他们就可以提交流程自动化申请。

一旦确定了潜在的自动化流程，借助 UiPath Task Capture 这个工具，流程自动化开发团队就可以提供有关特定任务的专业知识，帮助我们通过 RPA 最大化 ROI（投入产出比）。

该工具在后台运行，它会捕获步骤，每次单击鼠标都会被截屏，并收集有关过程统计信息的智能数据（如执行时间、步骤数、文本输入等）。我们可以编辑和注释每个屏幕截图，并为每个步骤添加信息。

基于捕获的数据，UiPath Task Capture 可以构建全面的工作流图，并提供每个步骤的详细信息，使我们可以轻松地自定义图表或从头构建自己的图表。

UiPath Task Capture 可以将收集到的信息作为工作流模板（.xaml 格式）导出到 UiPath Studio 中，或将其显示为流程设计文档（PDD）。

3.6.2 UiPath Task Capture 操作指引

如图 3-46 所示，在 Task Capture 中有两个选项，左边的是 Capture Process，它通过记录用户的屏幕操作，描述整个流程。右边的是 Simple Template，用户可根据日常操作指引把现有的流程图写入 Template 中，然后在 Template 中通过录屏的方式填充具体的操作。

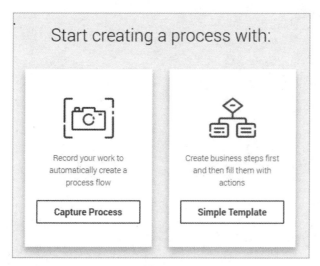

图 3-46

1. Capture Process

如图 3-47 所示,进入 Capture Process 后,屏幕会自动在右上角弹出一个浮动的窗口。UiPath Task Capture 就是通过这个窗口记录用户屏幕操作并且自动生成对应流程图的。例如,打开 notepad,输入"Hello World",在"桌面"上把该文件另存为"Temp.txt"。

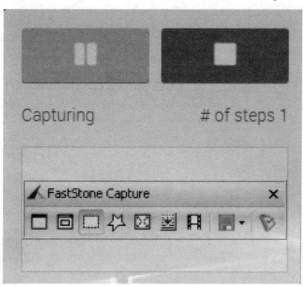

图 3-47

Task Capture 记录了上述整个流程,如图 3-48 所示。

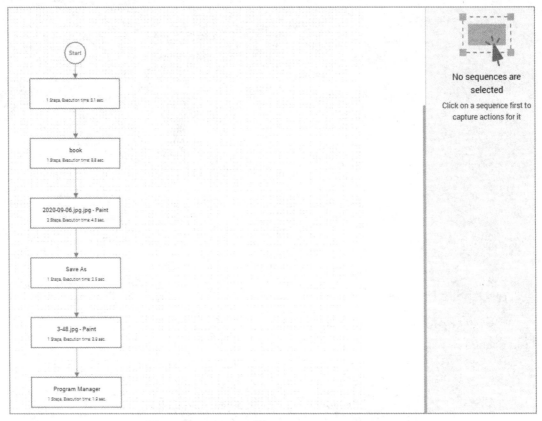

图 3-48

打开流程中的一个节点,如图 3-49 所示,右侧记录了该流程相关的操作,包括输入 Hello World 字符,以及按键盘上的 "Enter" 键。接下来,针对该流程生成一份流程设计文档。

图 3-49

如图 3-50 所示，单击"Export&Publish"→"Word Document"选项，一直单击"Next"按钮，即可生成该流程设计文档。

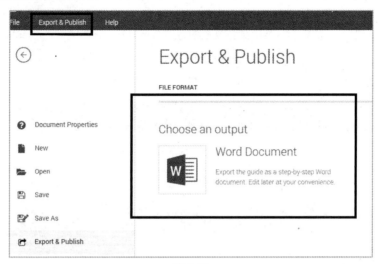

图 3-50

目前生成的流程设计文档仅有英文版，如图 3-51 所示。

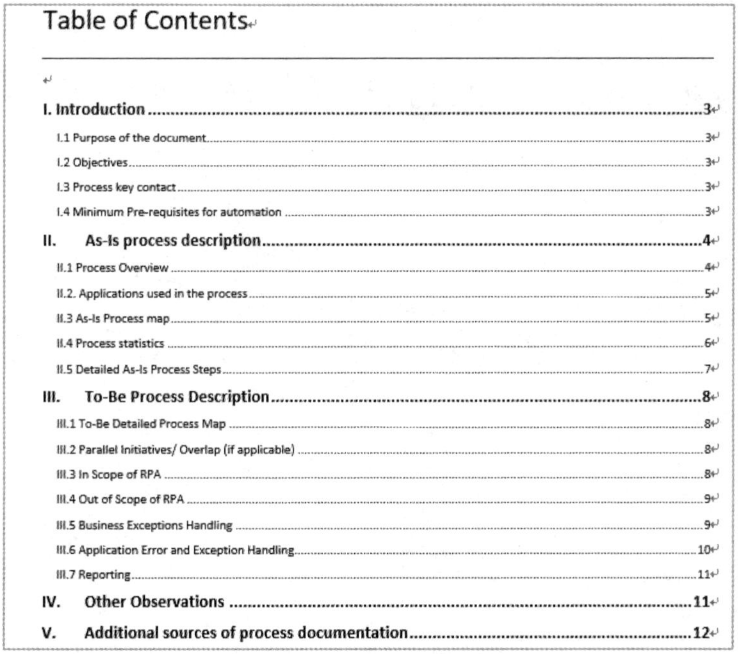

```
Table of Contents

I. Introduction ...................................................................................................3
    I.1 Purpose of the document ..............................................................................3
    I.2 Objectives ...................................................................................................3
    I.3 Process key contact ....................................................................................3
    I.4 Minimum Pre-requisites for automation .....................................................3
II.   As-Is process description ...........................................................................4
    II.1 Process Overview ......................................................................................4
    II.2. Applications used in the process ..............................................................5
    II.3 As-Is Process map .....................................................................................5
    II.4 Process statistics .......................................................................................6
    II.5 Detailed As-Is Process Steps ....................................................................7
III.  To-Be Process Description ........................................................................8
    III.1 To-Be Detailed Process Map ...................................................................8
    III.2 Parallel Initiatives/ Overlap (if applicable) ...............................................8
    III.3 In Scope of RPA .......................................................................................8
    III.4 Out of Scope of RPA ................................................................................9
    III.5 Business Exceptions Handling ................................................................9
    III.6 Application Error and Exception Handling ............................................10
    III.7 Reporting ................................................................................................11
IV.   Other Observations ..................................................................................11
V.    Additional sources of process documentation .........................................12
```

图 3-51

图 3-51 所示的是流程设计文档的目录架构，通过该目录架构，可以看出一份完整的流程设计文档应包含五部分内容：流程概述（Instroduction）、现有流程操作的详细描述（As-Is process description）、应用 RPA 后的流程操作描述（To-Be Process Description）、其他指引（Other Observations），以及与流程相关的附件（Additional sources of process documentation）。

注意，除现有流程操作的详细描述外（如图 3-52 所示），UiPath Task Capture 都只会生成模板而不会生成具体内容，因此具体内容仍然需要用户进行填写。

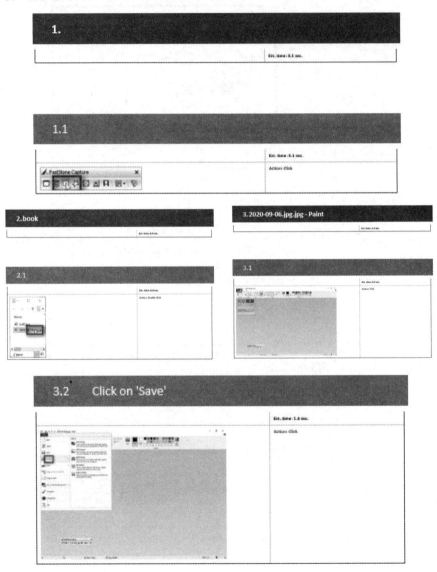

图 3-52

3.7 UiPath 开发案例

在介绍 UiPath 企业级开发框架之前，先介绍 5 个简单的开发案例，以便读者更容易理解该框架。

3.7.1 把文件从源文件夹移至目标文件夹

功能描述

使用变量 Counter 计算要移动的文件数，把文件从源文件夹移至目标文件夹。

操作步骤

第 1 步，创建变量 NumberOfFiles、srcpath 和 Counter。把文件的路径名直接复制到变量 srcpath 中，如图 3-53 所示。

Name	Variable type	Scope	Default
NumberOfFiles	String[]	Sequence1	Enter a VB expression
srcpath	String	Sequence1	Enter a VB expression
Counter	Int32	Sequence1	Enter a VB expression

图 3-53

第 2 步，拖入一个 Assign 活动，把 To 值分配给变量 NumberOfFiles，把 Value 值分配给函数 directory.GetFiles（srcpath），即从源文件夹中获取所有文件。

第 3 步，在消息框中输出要移动的文件数量。拖入一个 Message Box 活动并输入 NumberOfFiles.Count.ToString +"Files to be Moved"，即计算源文件夹中的文件数量，填写要输出的文件数量。

第 4 步，创建一个变量 Counter，再次拖入一个 Assign 活动。在该 Assign 活动中，把 To 值分配给变量 Counter，把 Value 值分配给 0，如图 3-54 所示。

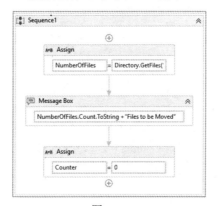

图 3-54

第 5 步，拖入一个 For each<string>活动，填写 item 和 NumberOfFiles，如图 3-55 所示拖入一个 Move file 活动到 Body 中，在 Properties Pane 的 Destination 中填写 Destination Path。

图 3-55

第 6 步，拖入一个 Misc 活动，在 For Each 活动 Properties 中的 Misc 部分，从"Type Argument"下拉列表中选择"String"选项，如图 3-56 所示。

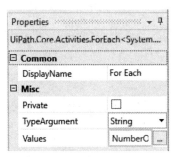

图 3-56

第 7 步，下面把所有文件从源文件夹移至目标文件夹。拖入一个 Assign 活动，把 To 值分配给变量 Counter，把 Value 值分配给 Counter +1，如图 3-55 所示。

第 8 步，单击"Run"按钮，即可看到源文件夹中的所有文件都已移至目标文件夹。

3.7.2　Web 自动化

功能描述

使用 Data Scraping 提取相关数据，使用 Write CSV 活动把数据存储在.csv 文件中。

操作步骤

第 1 步，提取网站数据。在 UiPath Studio 中单击 Data Scraping 选项，此时会弹出如图 3-57 所示对话框。

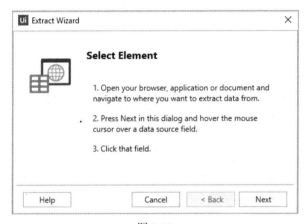

图 3-57

第 2 步，单击"Next"按钮，弹出如图 3-58 所示界面。首先把光标悬停在数据源字段上，然后单击数据源字段，选取商品的名称栏。

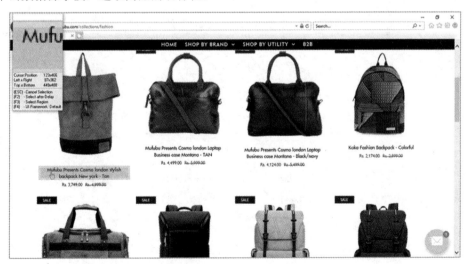

图 3-58

第 3 步，再次单击鼠标，UiPath 会弹出如图 3-59 所示对话框。这时只需单击"Next"按钮，即可再次选取另一个商品的名称栏。不断重复此操作，直到选取结束。

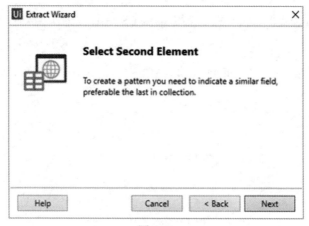

图 3-59

第 4 步，打开 Configure Columns 对话框。在该对话框中，可以重命名列名称并提取 URL。单击"Next"按钮，如图 3-60 所示。

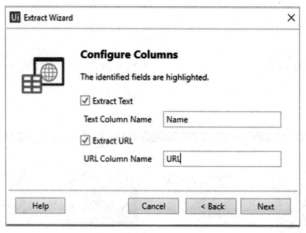

图 3-60

第 5 步，此时可以看到如图 3-61 所示输出。若想从该网站中提取其他数据源，可单击"Extract Correlated Data"按钮，重复上述步骤即可。

图 3-61

第 6 步，提取数据后，单击"Finish"按钮，弹出如图 3-62 所示对话框，询问是否需要跨多个页面显示数据。

图 3-62

第 7 步，若要跨越多个页面显示数据，则单击"Yes"按钮，否则单击"No"按钮。

第 8 步，下面把所有提取的数据存储到.csv 文件中。拖入一个 Write CSV 活动到 Data Scraping 的 Do 部分中。

第 9 步，在 Write CSV 活动中选择存储 .csv 文件的路径，填写 ExtractDataTable 变量，如图 3-63 所示。

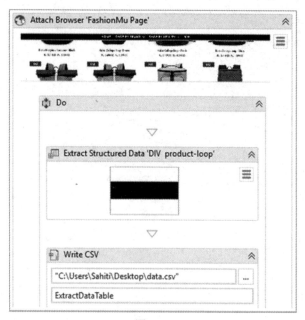

图 3-63

第 10 步，单击 "Run" 按钮，即可把提取的数据存储在 .csv 文件中。

3.7.3　E-mail 自动化

功能描述

自动读取含某一关键字的所有邮件，并把附件存储在固定位置。

操作步骤

第 1 步，创建变量。创建变量 Email、Password 和 GetMailMessages，对应的类型为 String、String 和 List <Mail Message>，如图 3-64 所示。

Name	Variable type	Scope	Default
Email	String	Sequence3	Enter a VB expression
Password	String	Sequence3	Enter a VB expression
GetMailMessages	List<MailMessage>	Sequence3	Enter a VB expression

图 3-64

第 2 步，拖入一个 Assign 活动，并把该活动的 To 值分配给 Email 变量，把 Value 值分配给 Email 地址。

第 3 步，拖入一个 Get Password 活动，在 Properties Pane 的 Password 中填写 Email ID 的 Password，把该填入的 Password 以变量的方式赋值给获取邮件的属性，如图 3-65 中 Logon 标签下的 Password 属性。

第 4 步，拖入一个 Get IMAP Mail Message 活动，在 Properties Pane 中填写如图 3-65 所示详细信息（仅供参考）。

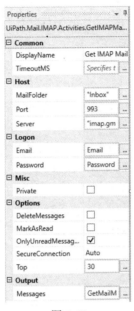

图 3-65

此时 Sequence3 如图 3-66 所示。

图 3-66

第 5 步，拖入一个 For Each 活动，在项目部分填写 Email，在变量表达式部分填写 GetMailMessages。

第 6 步，在 For Each 活动的 Body 中，拖入 If 活动。如果主题行包含关键字，则必须指定保存附件的条件。可按照以下步骤操作。

在 If 活动的 Condition 中填写 mail.Subject.Contains("example")。"example"是必须考虑的关键字。

转到 For Each 活动 Properties 中的 Misc，在 Misc 活动中，在"TypeArgument"下拉列表中选择 System.Net.Mail. Mail Message 选项，如图 3-67 所示。

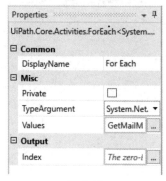

图 3-67

在 Then 部分中，拖入一个 Save Attachments 活动。在此活动中，填写 mail 变量，选择保存附件文件夹的路径，如图 3-68 所示。

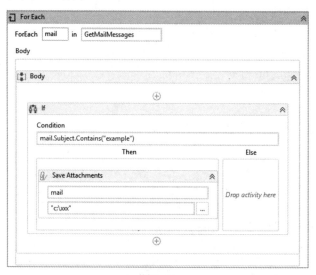

图 3-68

第 7 步，单击"Run"按钮，此时可以看到在主题行中所有含有关键字 example 的电子邮件都将被读取，附件将存储在上述设置好的文件夹中。

3.7.4 Excel 自动化

功能描述

将本地 Excel 文件中的内容复制到在线 Google 表单中，并完成提交动作。

操作步骤

第 1 步，创建一个 DataTable 类型的变量 dataTable。

第 2 步，创建一个.csv 文件，并在 Google 表单中填写详细信息。之后拖入一个 Read CSV 活动并选择.csv 文件的路径，如图 3-69 所示。

图 3-69

第 3 步，拖入一个 Sequence 和一个 Open Browser 活动。在 Open Browser 活动中，把 Google 表单的 URL 放进双引号中，如图 3-70 所示。

第 4 步，在 Open Browser 活动的 Do 部分中，拖入一个 For Each Row 活动，填写 row 和 dataTable。

第 5 步，在 For Each Row 活动的 Body 部分中，拖入一个 Type Into 'INPUT' 活动，此时的 Sequence 如图 3-70 所示。

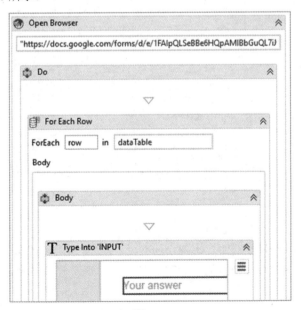

图 3-70

此时，在 Google 表单上指出要填写数据的位置，如图 3-71 所示。

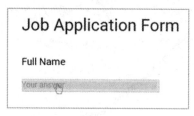

图 3-71

在 Type Into 活动中，输入 row("Full Name").ToString，其中"Full Name"是 CSV 文件的行名。这步与 For Each 活动结合就是循环遍历读取 Full Name 这一列中所有的值。

第 6 步，对要填写 Google 表单的所有值重复上述步骤。比如，要填写电话号码、过往经历、学历、技能和职位，则需要分别赋值给 row("Phone Number").ToString, row("Experience").ToString, row("Educational Qualifications").ToString,row("Skill Set").ToString, row("Position").ToString，如图 3-72 所示。

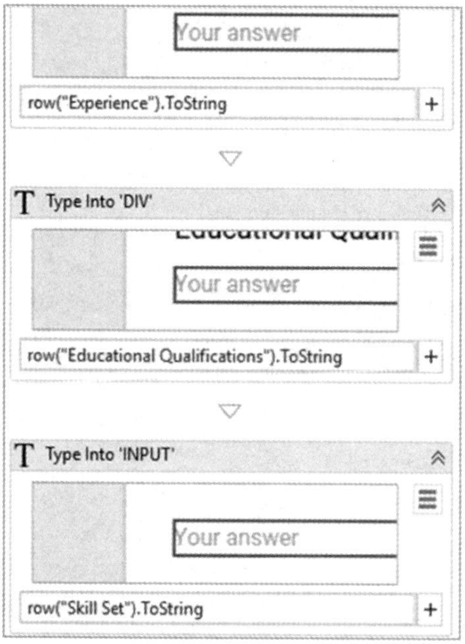

图 3-72

第 7 步，单击"SUBMIT"（提交）按钮。拖入一个 Click 活动，单击"Indicate on Screen"，把光标移到 SUBMIT 的 button 处，如图 3-73 右图所示，单击后可生成对应活动，如图 3-73 左图所示。

图 3-73

第 8 步，添加 Delay 活动，并指出持续时间为 3~5s，即 Google 表单的页面加载时间。

第 9 步，如果必须从 .csv 文件中添加多个记录，则必须在 Sequence 末尾拖入一个 Go back 活动，如图 3-74 所示。

图 3-74

第 10 步，连接流程图起点（Start）→Excel Automation- Read CSV→ GoogleForm Actions，如图 3-75 所示。

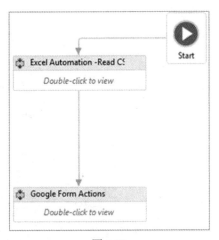

图 3-75

第 11 步，单击"Run"按钮，即可从 .csv 文件中提取所有详细信息，并自动填写在 Google 表单中。

3.7.5　PDF 自动化

功能描述

1.使用 Read PDF Text 活动提取文本，并使用消息框显示输出。

2.使用 Read PDF With OCR 活动提取图像内的文本，并使用消息框显示输出。

操作步骤

第 1 步，拖入一个 Read PDF Text 活动，在此活动中，填写 PDF 文档路径，如图 3-76 所示。

在 Read PDF Text 活动的 Properties Output 中填写一个输出变量 testPDF，之后拖入一个消息框（Message Box），并在其中填写输出变量 testPDF，单击"Run"按钮，即可查看 PDF 文件中的内容。

这里介绍一个组合键 Ctrl+k。首先，用鼠标单击 Output 中的 Text 文本框，然后按组合键 Ctrl+k，接着输入一个变量（testPDF），这样 PDF 文件中的内容就会传递给 testPDF。

图 3-76

第 2 步，拖入一个 Read PDF With OCR 活动，填写 PDF 文档路径，步骤与前文类似，完整的 Sequence 如图 3-77 所示。

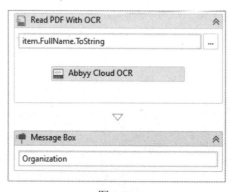

图 3-77

3.8 UiPath 企业级开发框架

本节介绍创建一个企业级机器人的完整流程。在学习本节内容之前，应先获取 UiPath 的 Foundation 证书，具体操作可以参看 3.5 节。

UiPath 的企业级框架是 UiPath Enterprise Framework。一个标准的 Attended 模式的 UiPath Enterprise Framework 如图 3-78 所示。

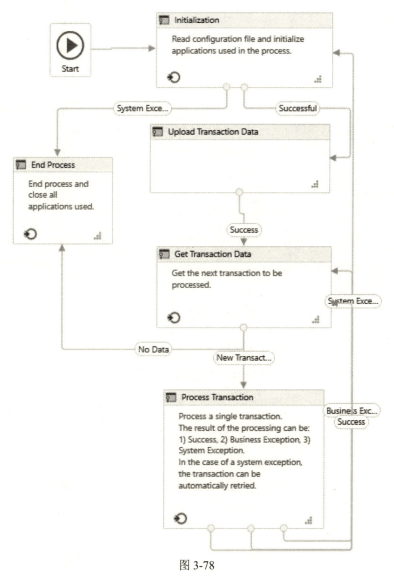

图 3-78

首先把图 3-78 中的内容转化成更通俗易懂的流程图，如图 3-79 所示。UiPath Enterprise Framework 包括 5 个模块，分别是初始化模块、数据上传模块、数据获取模块、数据处理模块和流程结束模块。每个模块都以 State Machine（状态机）的方式存在，并进行业务串联。

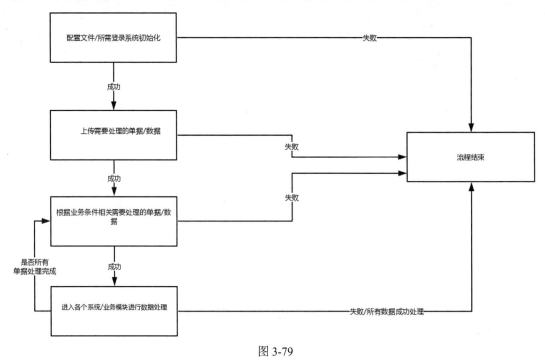

图 3-79

下面详细介绍每个模块里面需要编写的内容。

3.8.1 初始化模块

在介绍该模块之前，先简单介绍一下什么是 State Machine（状态机）。如图 3-80 中的箭头所示，这就是状态机。

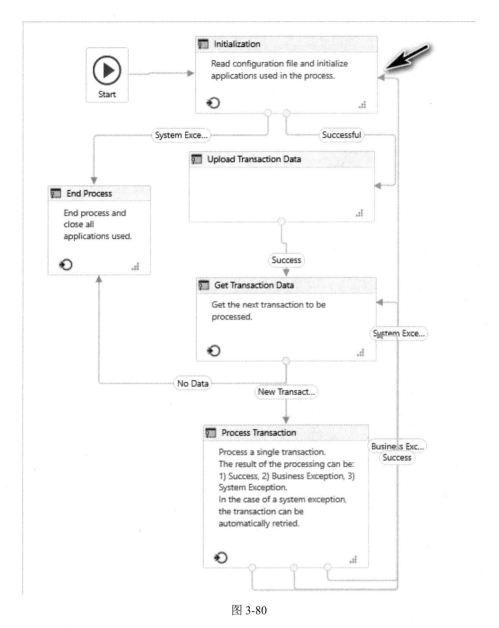

图 3-80

状态机包含三个可编辑区域，分别是 Entry 区域、Exit 区域和 Transition(s)区域，如图 3-81 所示。

图 3-81

- Entry 区域显示在进入状态机时要执行的业务操作。
- Exit 区域显示在离开状态机时要执行的业务操作。
- Transition(s)区域显示在不同状态机之间跳转时所需的条件。

因为在 UiPath 代码中，所有的活动都是封装好的，直接拖拉调用即可，所以不能直接通过粘贴代码的方式对 UiPath 代码进行解析。下面详细讲解如何搭建一个 UiPath Enterprise Framework。

1. 配置初始化模块

整个模块的概述如图 3-82 所示。

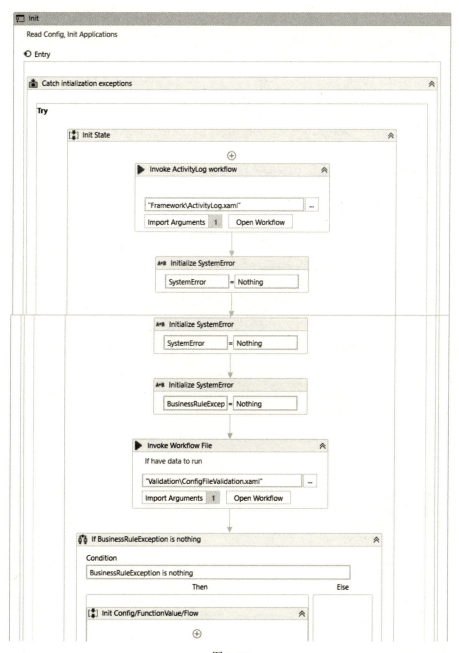

图 3-82

图 3-82（续）

第一层，整个模块的状态机，其中包括 Entry、Exit 和 Transition(s)三个区域。

第二层，重点介绍 Entry 区域里面放置的内容。首先是 Try – Catches-Finally，在编写整个 UiPath Enterprise Framework 代码过程中，这个机制会贯穿全局。在代码运行过程中，当由于系统异常或者数据异常导致机器人不能继续执行该业务单元的操作时，机器人需要通过 Try – Catches - Finally 告知（通过邮件、日志或短信平台等）用户或者开发人员是哪个位置发生了何种错误。

第三层，介绍 Try 中的业务操作，具体如下：

操作日志更新→初始化机器人系统错误和机器人业务错误变量→验证配置文件是否符合业务逻辑或数据有无异常→若配置文件符合规范→操作日志更新→将配置文件内容读取到指定的 Datatable 中→操作日志更新。

在 Catches 中，可以对系统异常（SystemException）和业务异常（BusinessExceptio）进行赋值。

在介绍第四层代码之前，这里先介绍一个概念——Invoke Workflow（引入工作流）。引入工作流让整个流程有效地按照不同层级进行分层，增强代码的可读性。

在 Invoke Workflow 中有两个按钮，分别是"Import Argument"和"Open Workflow"。

单击活动主体中的"Import Argument"按钮，可以从指定的工作流程中导入参数。单击活动主体中的"Open Workflow"按钮，可以在当前项目中打开 WorkflowFileName 属性中引用的工作流。

- WorkflowFileName：要调用的.xaml 文件的文件路径。该字段仅接收字符串变量。文件路径是相对于当前项目文件夹的，所有字符串变量必须放在引号之间。
- 参数：在启动时可以传递给应用程序的参数。
- Arguments：如果勾选此复选框，则调用的工作流在单独的 Windows 进程中运行，这有助于隔离错误的工作流与主工作流。
- DisplayName：活动的显示名称。
- ContinueOnError：指定当活动引发错误时，自动化是否应继续。该字段仅支持布尔值（true 或 false），默认值为 false。如果该字段为空并且引发错误，则停止项目。如果将该值设置为 true，则无论是否有错误，项目都会继续执行。

在了解了上述概念后，我们再来看第四层中的第一个 Invoke Workflow，即最常用的操作日志更新工作流，如图 3-83 所示。

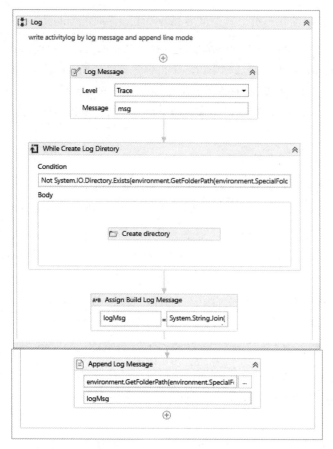

图 3-83

在这个工作流中,做了如下操作。

定义日志记录的维度是 Trace 级,即机器人做的所有操作都会在日志中体现,并且初始化该值 msg="Init....",表示机器人正式开始运行。然后用 While 判断存放的日志文件夹是否存在,若不存在,则创建一个日志文件夹。

注意:这里的 UiPath Enterprise Framework 是针对多台机器可以同时处理的统一流程,并且可以由 Attended 开发模式无缝切换至 Unattended 开发模式,因此在 While 条件中编写了如下代码。

```
Not
System.IO.Directory.Exists(environment.GetFolderPath(environment.SpecialFolder.
LocalApplicationData)+"\UiPathLib\test\ActivityLog"),
```

获取的是 Windows 环境变量,当日志写入相对路径后,不需要对路径进行硬编码(hardcode)。

当日志文件夹创建完毕后,把相关操作写入日志文件中,代码如下:

```
System.String.Join(
    vbTab+"|"+vbTab,
    {
        DateTime.Now.ToString("yyyy-MM-dd HH:mm:ss"),
        System.Environment.UserDomainName+"\"+System.Environment.UserName,
        msg
    }
)
environment.GetFolderPath(environment.SpecialFolder.LocalApplicationData)+"\UiP
athLib\test\ActivityLog\"+DateTime.Now.ToString("yyyy-MM-dd")+".txt"
```

接下来介绍第四层的第二个 Workflow，即 ConfigFileValidation，如图 3-84 所示。

注意：在这个 Workflow 中也有一个 try-catches-finally，如果机器人在这个 Workflow 中发生错误，则会捕获该错误并传递给上一层进行抛出。如果这层没有编写 try-catches-finally，但在机器人运行过程中该 Workflow 出错，则并不能确切地捕获该 Workflow 的异常，即开发人员或用户对机器人的报错难以追踪。所以，当代码中存在嵌套 Workflow 时，一定要在嵌套的 Workflow 中编写 try-catches-finally。

该 Workflow 的流程是：操作日志更新→数据库连接初始化→查看数据库的表是否有待定处理项→查看配置文件是否有待定处理项→若没有待定处理项，则抛出业务异常，流程终止→若有待定处理项，则机器人继续执行操作→关闭数据库连接池。

这里需要注意以下几点。

第一，数据库连接初始化。为什么使用数据库？如果使用 Excel 或者 Datatable 作为存储介质，则会发生脏读、脏写的情况，因为这两种存储介质不允许多线程并发更新。如果使用 Unattended 模式，则可以使用 Orchestrator 中的 Queue 进行机器人多线程并发操作，但是在 Attended 模式下不支持 Orchestrator，所以只能使用 Database 作为存储介质。实际上，Orchestrator 中的 Queue 也是由 Database 中的一个个表组成的。所有需要上传或下载的数据都会存储在 Database 中。

第二，每次打开数据库连接池之后，都需要在同一个 Workflow 里面进行关闭。因为数据库连接池本身的资源是有限的，所以只在有需要的时候才打开数据库连接池，当不需要的时候应立即关闭数据库连接池。

第三，这里不展开对 Excel Read Range 的操作，因为每个业务模块的需求是不一样的。若读者已经拿到了 UiPath Foundation 的证书，则很容易理解图 3-84 所示的 Excel 操作部分的内容。

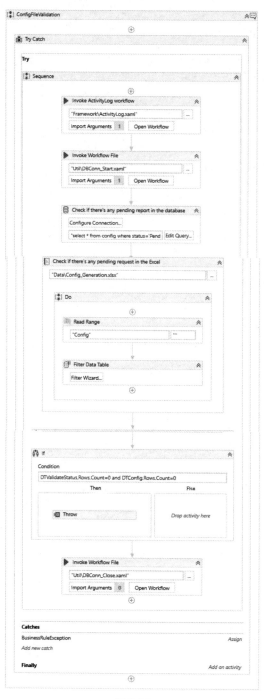

图 3-84

3.8.2 数据上传模块

第一层,整个模块的状态机,包括 Entry、Exit 和 Transition(s)三个区域。

第二层,重点介绍 Entry 区域里面放置的内容,如图 3-85 所示。这里的 Try – Catches-Finally 在前文已有介绍,不再赘述。

第三层,介绍 Try 中的业务操作,具体如下。

操作日志更新→数据连接初始化→查看机器人有无新增的待定项→若没有新增待定项,则提示机器人更新配置表,并且将新的配置表插入数据库中→若有新增待定项,则机器人不再更新配置表,而是跳转到下一个模块。

在 Catches 中,可以对系统异常(SystemException)和业务异常(BusinessException)进行赋值。图 3-85 中的 Exception 对应的是 SystemException,包括 Excel 内存溢出、Windows 操作系统异常等。因为该子流程并无业务异常,因此不需要写 BusinessException。

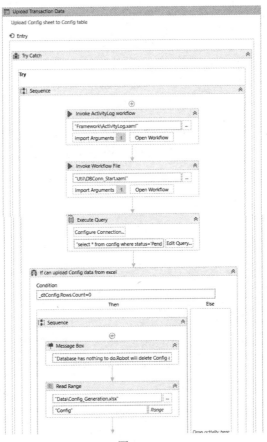

图 3-85

图 3-85（续）

因为这个业务的数据输入流是 Excel 配置文件，所以只需将其上传到数据库进行处理即可。但是在很多业务流程中，数据的输入源不仅来自现有的 Excel 文件，还可能来自从其他系统上下载的数据文件，或者从 FTP 服务器上下载的文件等。类似操作都会在数据上传模块中进行编写。

3.8.3 数据获取模块

第一层，整个模块的状态机，包括 Entry、Exit、Transition(s) 三个区域。

第二层，重点介绍 Entry 区域里面放置的内容，如图 3-86 所示。这里的 Try-Catches-Finally 在前文已有介绍，不再赘述。

第三层，介绍 Try 中的业务操作，具体如下。

操作日志更新→数据连接初始化→根据指定条件从数据库业务表中获取待处理的业务数据→分析待处理的业务数据，把它分为两大类（非 SAP 系统和 SAP 系统）→分别对需要生成报表的系统进行初始化→关闭数据库连接池。

在 Catches 中可以对系统异常和业务异常进行赋值，不再赘述。

图 3-86

图 3-86（续）

下面对分析待处理的业务数据这部分内容进行展开描述，其主要功能是获取待处理的业务数据，并将其提交到下一个模块进行数据处理。

第 1 步，我们需要对上一模块上传到数据库的数据进行整合筛选（比如需要登录的报表系统、需要查询的条件、下载报表后放置的路径等）。

第 2 步，根据业务数据将其分为两大类（非 SAP 系统和 SAP 系统），然后初始化需要下载报表的系统（打开对应的 URL，输入账号和密码）。一般来说，初始化登录系统应该是在第一个初始化模块中编写的，但是因为多个机器人部署的是同一套代码，虽然工作内容都是下载报表，但是报表中的内容并不相同，若在初始化模块时对所有登录的系统都进行初始化，那么必然会导致极大的资源浪费。因此，建议在数据处理模块中进行初始化。

下面以登录 SAP 模块作为示例进行展开说明，如图 3-87 所示。

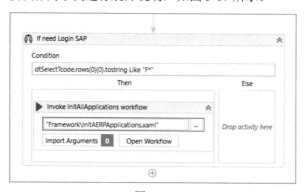

图 3-87

第 1 步，判断从数据库获取的表中的某个字段（登录模块）是否含有特定字符。若有特定字符，则登录 SAP 模块。

第 2 步，将初始化 SAP 模块的代码编程成一个 Workflow，以供嵌套。初始化 SAP 模块非常简单，只需打开 SAP 模块的应用程序，选择指定的 SAP 模块实例，输入账号和密码即可，如图 3-88 所示，不涉及任何具体流程的操作（这部分放在数据处理模块中实现）。

第 3 章　UiPath

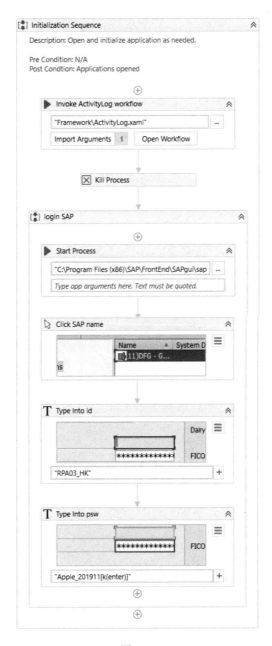

图 3-88

3.8.4　数据处理模块

第一层，整个模块的状态机，包括 Entry、Exit 和 Transition(s) 三个区域。

第二层，重点介绍 Entry 区域里面放置的内容，如图 3-89 所示。这里的 Try - Catches-Finally 在前文已有介绍，不再赘述。

第三层，介绍 Try 中的业务操作，具体如下。

操作日志更新→数据连接初始化→重设业务异常→初始数据库连接→对数据处理核心代码进行封装（获取业务数据进行报表下载模块）→更新数据库的配置文件表，更新处理完成的数据状态→关闭数据库连接池。

在 Catches 中可以对系统异常和业务异常进行赋值不再赘述。

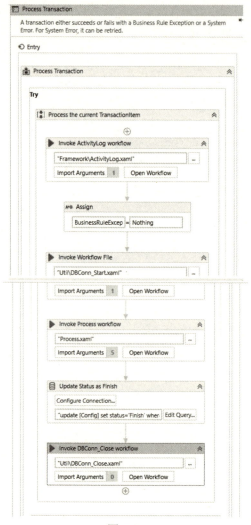

图 3-89

图 3-89(续)

3.8.4.1 获取业务数据进行报表下载模块

下面详细介绍获取业务数据进行报表下载模块(Process.xaml),这个模块是整个流程的核心。首先简单介绍该流程的配置文件结构。

注意:配置文件里面的所有内容均已上传到数据库流程配置表中,即数据上传模块。

Config 工作表如图 3-90 所示,这个表是报表下载配置的总表,该表配置了以下内容。

- ReportID:下载报表的唯一索引。
- FlowID:报表下载对应的工作流或下载步骤,是 Flow 工作表的外键。
- LoginID:登录系统的用户名。
- Path:下载报表的存放地址。
- FileName:下载报表的文件名。
- Status:报表下载状态,如 Finish、Fail 或 Pending。
- TimeStamp:该记录的最后更新时间。
- RetryTimes:报表下载失败后的重启次数。
- RobotName:运行该报表的机器人名称。
- Temp3~Temp10:数据库备用字段)。

图 3-90

Flow 工作表是流程配置表，如图 3-91 所示。

- FlowID：报表对应流程的唯一索引，是 Config 表的外键。
- System：下载报表需要登录的系统。
- Model：登录系统进入的模块。
- Function1~Function50：下载报表涉及的操作，以 SAP 下载报表为例，<Page> Financial Statement:Balance Sheet/P&L，<page>表示页面跳转，判断机器人是否进入该 T-CODE。若进入该 T-CODE，则在 Controlling Area 和 Ledger 中填写对应的字段。

通过该配置文件，用户无须修改源代码即可修改报表下载步骤，进而修改下载报表的操作。

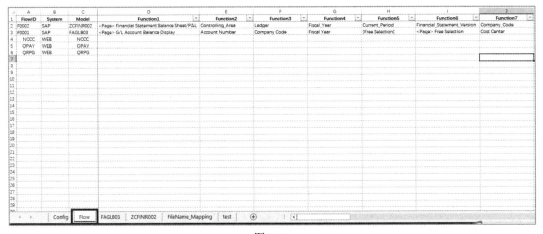

图 3-91

FAGLB03 工作表如图 3-92 所示。这个表用来存放在 SAP 中下载报表时需要填写的信息。

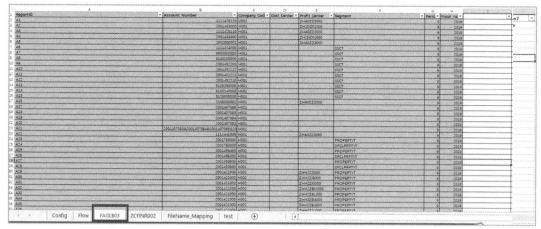

图 3-92

FileName_Mapping 工作表如图 3-93 所示。这个表是 Config 表中 ReportID 对应的报表名称。

	A	B
1	ReportID	Assign Number
2	Various Upfront Fee 2019-4	A1
3	Various Upfront Fee 2019-3	A2
4	Various Upfront Fee 2019-2	A3
5	Various Upfront Fee 2019-1	A4
6	Unclaim deposit (210410-2341)_201907	A5
7	SSCT Prepay- Cash Adv to Staff 1111424000 -201907	A6
8	SS Provision for MED Insurance EC_201907-2	A7
9	SS Provision for MED Insurance EC_201907-1	A8
10	SS Provision for Bonus_201907-7	A9
11	SS Provision for Bonus_201907-6	A10
12	SS Provision for Bonus_201907-5	A11
13	SS Provision for Bonus_201907-4	A12
14	SS Provision for Bonus_201907-3	A13
15	SS Provision for Bonus_201907-2	A14
16	SS Provision for Bonus_201907-1	A15
17	revaluation for all inter-co loans - send to Group (on WD7)	A16
18	Retirement Plan Schedule(2001407086)	A17
19	Retirement Plan Schedule(2001407085)	A18
20	Retirement Plan Schedule(2001407084)	A19
21	Retirement Plan Schedule(2001407083)	A20
22	Retirement Plan Schedule	A21
23	Rental deposit - Group & SS	A22
24	Property(2001780000-H002)	A23

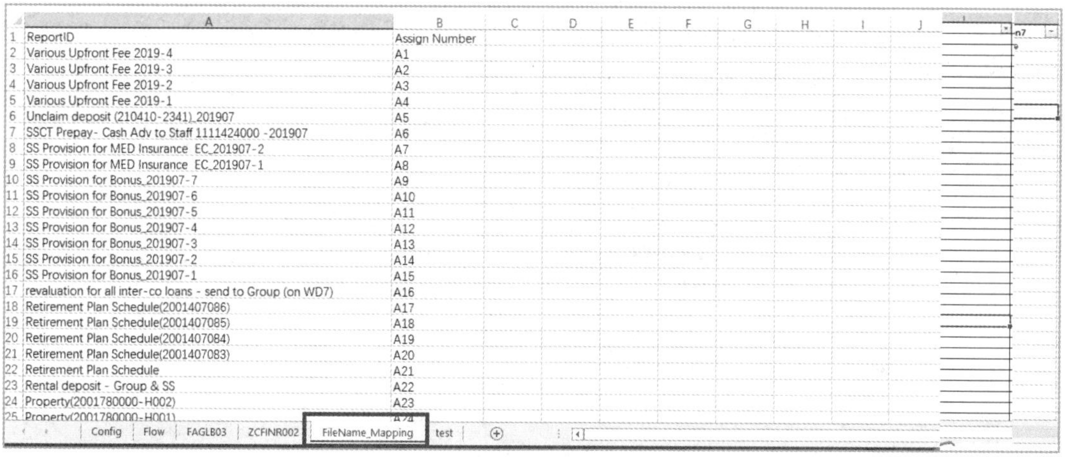

图 3-93

3.8.4.2 代码

下面介绍实际的代码展开。首先介绍 UiPath 中的一个活动——Switch。Swtich 在 UiPath 中分为两种，一种是 Flow Switch，另一种是 Sequence Switch。

1. Flow Switch

Flow Switch 如图 3-94 所示。

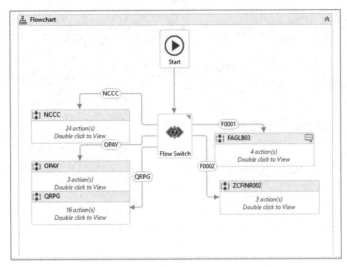

图 3-94

Flow Switch 是一种特定于流程图的活动,该活动将控制流分为三个或更多分支,可以根据指定条件执行单个分支。

其 Properties(属性)如图 3-95 和图 3-96 所示(需要将 Switch 中的条件激活才能看到该属性),具体描述如下。

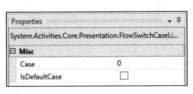

图 3-95

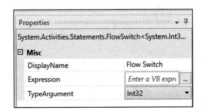

图 3-96

- Case 与提供的表达式(Expression)相匹配,它执行单个序列的所有可能序列,关联的活动会自动编号,第一个活动是默认案例。我们可以通过单击相应的箭头更改"案例"字段的值,或勾选"IsDefaultCase"复选框更改案例编号,或为其分配其他默认案例。如果所有情况都无法与 Expression 匹配,则执行默认案例。如果未添加默认案例,则执行项目后不会返回任何信息。

- DisplayName：活动的显示名称。
- Expression：在执行某种活动之前需要分析的条件。默认情况下，该字段支持的变量类型为 Int32。若要更改变量类型，则必须在 TypeArgument 下拉列表中选择其他选项。
- TypeArgument：该下拉列表提供了可以在 Expression 中添加的变量类型。默认的变量类型为 Int32。

2. Sequence Switch

Sequence Switch 如图 3-97 所示。Sequence Switch 中的属性内容及含义与 Flow Switch 中的基本相同，不再赘述。

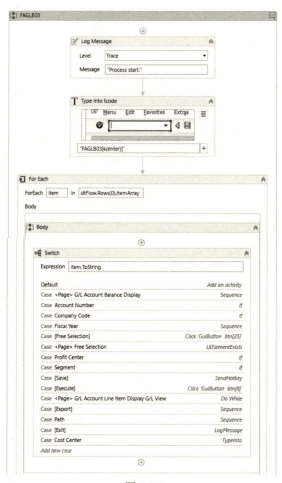

图 3-97

3.8.5 流程结束模块

End Process（流程结束）模块如图 3-98 所示。

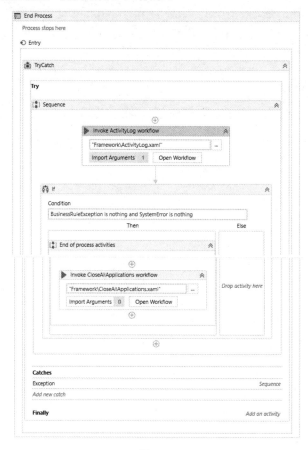

图 3-98

第一层，整个模块的状态机，包括 Entry、Exit、Transition(s)三个区域。

第二层，重点介绍 Entry 区域里面放置的内容，前文已有介绍，不再赘述。

第三层，介绍 Try 中的业务操作，具体如下。

操作日志更新→如果没有系统异常或业务异常，则调用关闭流程关闭相关的系统及进程。

在 Catches 中，我们对系统异常和业务异常进行赋值。

3.9 UiPath 平台的企业级架构

下面对 UiPath 官网给出的高可用性方案和灾备方案进行介绍。

3.9.1 UiPath 平台的高可用性方案

建议在超过 250 个无人值守机器人或 2500 个有人值守机器人，以及以高可用为重中之重的环境中使用此选项。由于有多个 Orchestrator 节点可用，因此它提供了更好的性能和抗故障能力。当一个节点发生故障时，其他节点承担负载。还可以使用水平可伸缩性，因为如果机器人需求增长，则可以添加另一个节点。

该模型的缺点是需要大量的资源，并且需要其他组件，如 Orchestrator 的 High Availability 附加组件和网络负载平衡器。高可用性方案的部署架构图如图 3-99 所示。

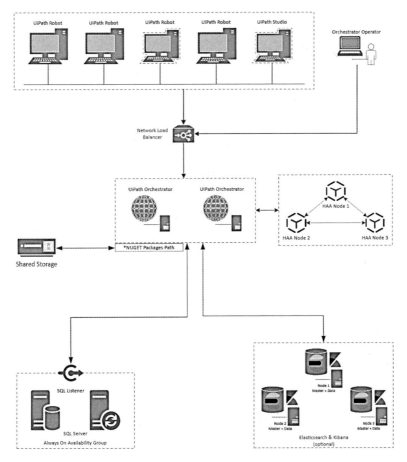

图 3-99

3.9.2 UiPath 平台的灾备方案

下面介绍的部署模型在辅助数据中心的灾难恢复选项中扩展了主数据中心中的高可用配置。考虑到灾难恢复数据中心是为临时使用而配置的，因此在重建主数据中心之前，可以考虑减少机器数量。当数据中心之间的网络连接速度较慢时，可以使用此解决方案，如图 3-100 所示。

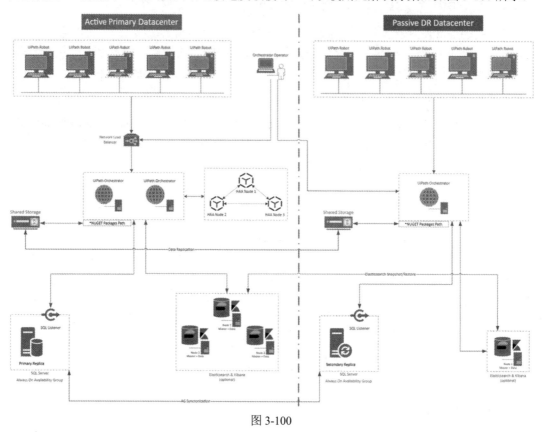

图 3-100

必须满足以下条件才能使用此灾备方案：

- Passive DR Datacenter 中的个人电脑或服务器中的镜像必须每天做一次增量备份，每周做一次全量备份。
- Elasticsearch 中的 Node（节点）需要每天进行增量备份。
- UiPath Orchestrator 服务器和 SQL Server 数据库服务器至少每天做一次增量备份，每周做一次全量备份。
- 有高可用性附加群集，可以横向扩展 SignalR、缓存设置及用户权限。
- 外部存储已镜像（可选，不包括在图 3-100 中）。

3.10 UiPath 报表平台

UiPath 支持的报表平台有很多种，简单来说，能够在 Windows 系统上运行的报表服务或者产品均可，如 PowerBI 等。理论上，UiPath 只需将每一条需要处理的数据发送给报表工具或平台，报表工具或平台就可以对这些数据进行统计并且进行可视化展示。本节介绍的报表平台是 ELK，它是 UiPath 官方推荐的，而且开源免费，如图 3-101 所示。

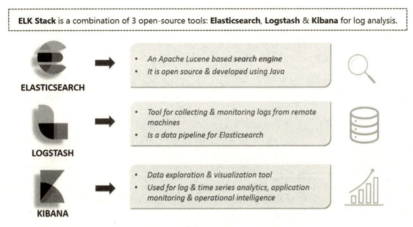

图 3-101

ELK 的全称为 Elasticsearch+Logstash+Kibana，代表着三个不同的工具，现均已被 Elastic 公司收购。

报表平台 ELK 的基础架构如图 3-102 所示。

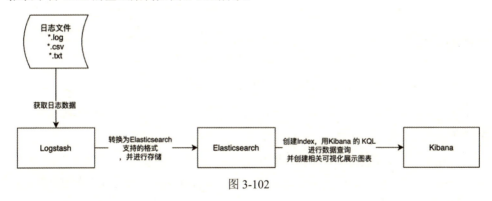

图 3-102

三者的安装顺序如下：

- 安装 Logstash。
- 安装 Elasticsearch。

■ 安装 Kibana。

详细的安装过程不再赘述，网上有大量的教程，总之，都从 Elastic 的官网下载即可。

另外需要补充的是，笔者的开发环境是 Window 7 PC 机（非 Server）。

在安装及开发过程中可能遇到的问题如下。

1．Logstash 能否直接读取 Access 数据库中的内容？

不能。首先需要把 Access 数据库中的内容转换为.csv 文件，然后通过 Logstash 上传到 Elasticsearch 上。并且在以后开发过程中，尽量将内容保存为*.log 这种格式的文件，以便展示。

2．在使用 Logstash 时有哪些好的建议？

（1）所有的 Logstash 操作都是根据 Config 文件中的配置运行的，所以 Config 文件非常关键。具体参数及用途如表 3-2 所示。

表 3-2

参　　数	用　　途	默　认　值
node.name	节点名称	主机名称
path.data	数据存储路径	LOGSTASH_HOME/data/
path.config	过滤配置文件目录	
config.reload.automatic	自动重新加载被修改的配置	false or true（建议设置为true）
path.logs	日志输出路径	
http.host	绑定主机地址，收集用户指标	"127.0.0.1"（这个相当关键，如果你的主机不是本机，则需要进行配置）
http.port	绑定端口	5000-9700（检查有无端口占用的情况）

（2）缓存问题，在每次重新上传时，都需要删除 file 里面的日志文件。

（3）日期格式等问题都是在 Config 文件中配置的，需要具体问题具体分析。

（4）Logstash 支持以类似正则表达式的方式获取数据，这也是在 Config 文件中配置的。

3．Kibana 如何展示？

当 Logstash 传到 Elasticsearch 后，首先会在 Kibana 的 Elasticsearch 操作界面中自动生成一个 index（可以理解为表），然后再手动生成一个 Kibana 的 index，最后根据这个 index 进行数据展示，如图 3-103 所示。

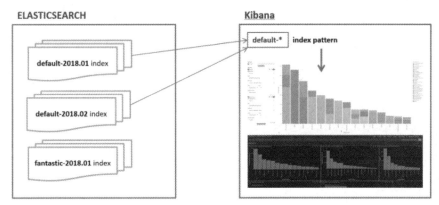

图 3-103

在成功搭建 ELK 平台后,就可以在 Kibana 上创建监控机器人的 Dashboard 了,如图 3-104 所示。

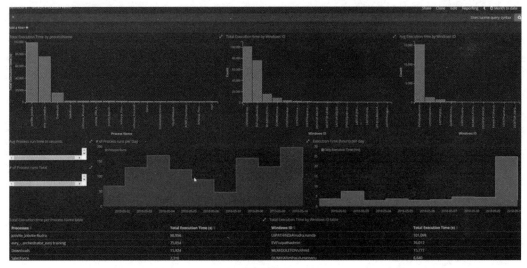

图 3-104

第 4 章

Blue Prism

4.1 Blue Prism 简介

Blue Prism 建立在 Microsoft .NET Framework 之上,它可以自动化应用程序,并以终端仿真器、Web 浏览器、Citrix 和 Web 服务等方式呈现在各种平台上,如大型机系统、Windows 系统、WPF(Windows 呈现基础)、Java 平台和 Web 开发平台等。它被设计用在具有物理和逻辑访问控制的如开发、测试和生产等环境部署模型中。

Blue Prism 包括一个集中的发布管理界面和流程变更分发模型,能够通过模型为业务提供附加控制。Blue Prism 自身会记录每次系统登录、管理操作的更改,以及机器人为识别统计信息和实时运营分析而采取的决策和操作。所有过程编码都在后端自动执行,同时允许非技术用户把组件拖到界面中自动执行。

2019 年,Blue Prism 宣布了其针对互联 RPA 的想法,其中,Connected-RPA 是一种内置了 AI 和认知功能的自动化平台,拥有数字交换等功能,可以在线访问拖放式 AI、机器学习等。

4.2 Blue Prism 的主界面

Blue Prism 只有一种 License 和一种类型的安装包。编译界面、机器人部署管理界面、SVN、系统配置模块和报表工具等都集成在主界面中。下面从主界面入手,介绍 Blue Prism 的基础功能。Blue Prism 的主界面如图 4-1 所示。

第 4 章 Blue Prism   87

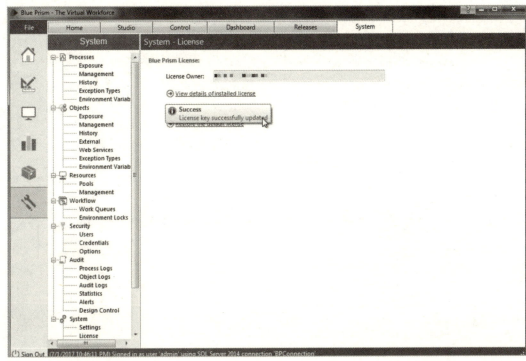

图 4-1

4.2.1 Home 模块

Home 模块如图 4-2 所示。

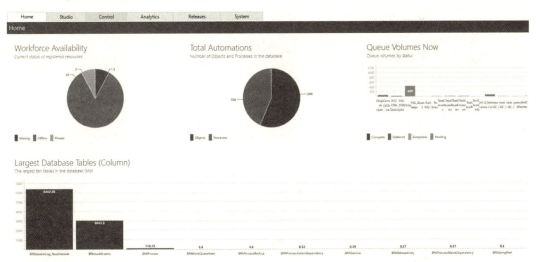

图 4-2

- Workforce Availability：显示在 Blue Prism 服务器上注册的机器数量，以及对应的状态。
- Total Automations：显示在 Blue Prism 上编写的 Objects 和 Processes 数量。
- Queue Volumes Now：显示在 Blue Prism 上创建的队列（Queue）数。
- Largest Database Tables(Column)：显示在 Blue Prism 上数据库（SQL Server）表的容量状况，只显示前 10 张表。

4.2.2　Studio 模块

Studio 模块如图 4-3 所示。

图 4-3

在介绍这个模块之前，先来简单了解 Objects 和 Processes 的功能。

Objects：对象，支持业务流程开发，实现在系统或文件中的具体操作。

Processes：流程，用于业务流程开发。

下面举例说明，假设需要实现这样一个功能：即机器人到 OA 系统上检查员工提交的发票、机票或火车票等附件信息与报销的项目是否一致。在这个例子中，Objects 和 Processes 各自实现的功能如表 4-1 所示。

表 4-1

名　　称	实现的功能
Objects	1. 登录OA系统
	2. 抓取附件中的信息和OA系统中报销项目的文字信息，并打包
Processes	1. 调用Objects中的信息包
	2. 定义抓取文字信息的比对规则

4.2.3　Control 模块

Control 模块如图 4-4 所示。

1．Control

- Session Management：显示开发人员发布了哪些流程（Process），这些被发布的流程可以选择在相关的机器上运行。
- Queue Management：显示目前在 Blue Prism 中定义了多少条工作队列（Work Queue）。
- Active Queues：显示正在运行的队列（Queue）。
- Scheduler：定义定期生成的关于机器人运行情况的报告，实时查看机器人的排程，生成机器人运行计划表，并创建 Task，将相关的流程及其对应运行的机器人添加到该计划中。

2．Sessions – Control currently running sessions

定义所有已经发布的 Process 名称。

3．Resources

定义所有安装了 Blue Prism 的物理机或虚拟机的状态，如是否可用、是否离线等。

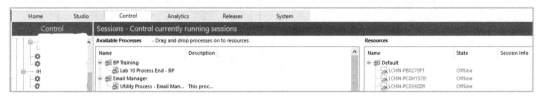

图 4-4

4.2.4 Analytics 模块

Analytics 模块如图 4-5 所示。

- 在 Analytics 模块中，共有 13 个不同的图标维度，最常见的 4 种如下：
- Workforce Availability：返回执行时处于联机状态的非休眠资源的百分比。
- Total Automations：返回执行时环境中 Objects 和 Processes 的总数（包括已发布和未发布的项目）。
- Queue Volumes Now：在执行时，按状态返回指定工作队列的总数。
- Largest Database Tables(Column)：以当前大小降序（Mb）返回 Blue Prism 数据库表。可以把返回的表的数量指定为参数。

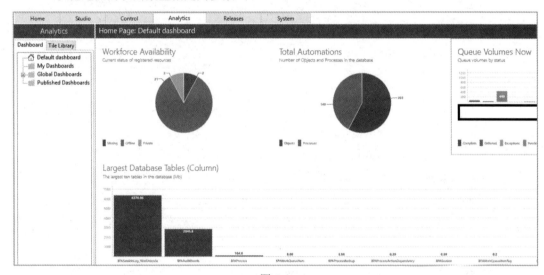

图 4-5

4.2.5 Releases 模块

Releases 模块如图 4-6 所示。

在 Releases 模块中，既可以创建、删除和修改 Package，也可以创建、导入和验证释放的 Package，还可以查看先前创建和导入的释放的 Package 的详细信息。

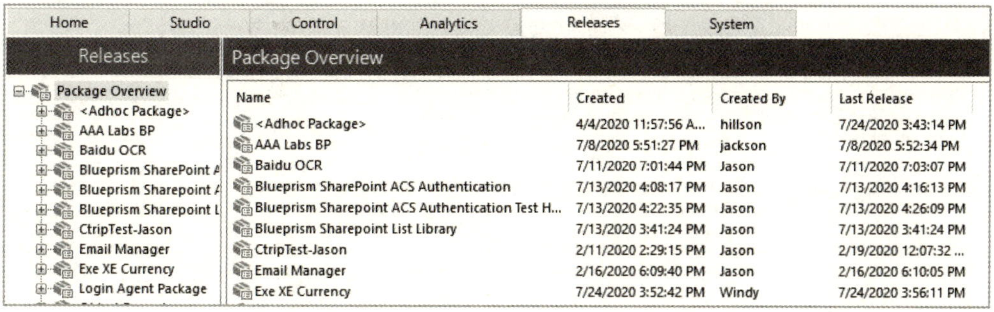

图 4-6

4.2.6　System 模块

System 模块如图 4-7 所示。

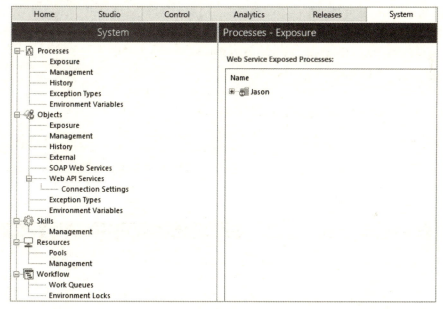

图 4-7

1. Processes

记录了所有在 Blue Prism 中编写的 Processes 及定义系统的环境变量（Environment Variables），如登录系统链接等信息，如图 4-8 所示。

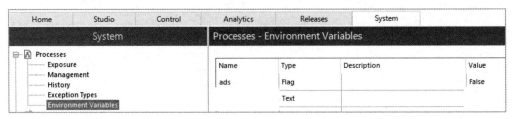

图 4-8

2．Objects

记录了所有在 Blue Prism 中编写的 Objects 及定义的 SOAP Web Services。如引入第三方服务或在 Blue Prism 中搭建 Web Services 服务。

3．Skills

记录了所有导入 Skill 的最新版本，并提供了启用和禁用它们的控件。未启用的 Skill 无法在系统中使用，在 Object Studio 和 Process Studio 的"Skill"工具栏中也不可见。链接到未启用 Web API 组件的 Skill 将自动禁用，在 Web API 组中显示为警告图标。

4．Resources

所有已经安装 Blue Prism 的物理机或服务器都在这里进行管理。

5．Workflow

管理所有在 Blue Prism 上创建的 Work Queue，以及所有资源的环境锁（Environment Locks），如图 4-9 所示。

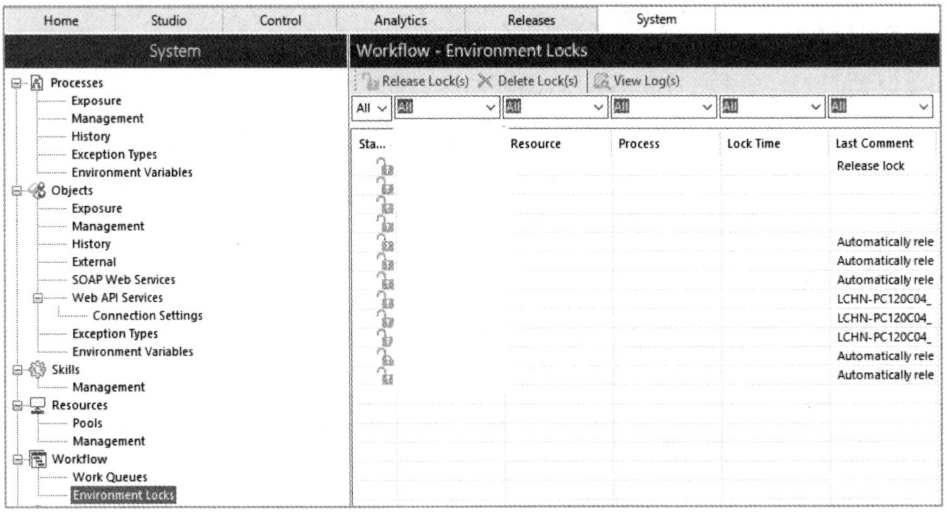

图 4-9

当 session 正常完成或由于异常终止时，如果 session 尚未释放，则释放所有在运行时获取的锁。

如果资源 PC 在 session 完成时无法与数据库进行通信，或者在调试 session 在时使应用程序崩溃，则锁可能会变为"孤立"状态，这意味着该资源将保持锁定状态，但系统不会尝试自动释放它。

在系统管理器"Workflow"的"Environment Locks"面板中提供了一种可以查看锁当前状态的方法，可以强制释放并删除这些锁。

6. Security

Security 的主要功能有三个，分别是创建用户并指派角色、创建用户角色权限和创建密码信息。

①创建用户并指派角色如图 4-10 所示。当登录的账号有管理员权限时，即可创建用户并指派角色。

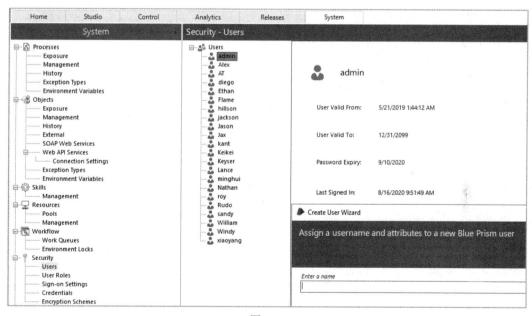

图 4-10

②创建用户角色的权限如图 4-11 所示。可以根据在 Blue Prism 中可操作的权限创建定制化的角色权限信息。

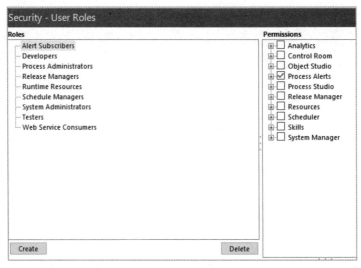

图 4-11

创建密码信息如图 4-12 所示。

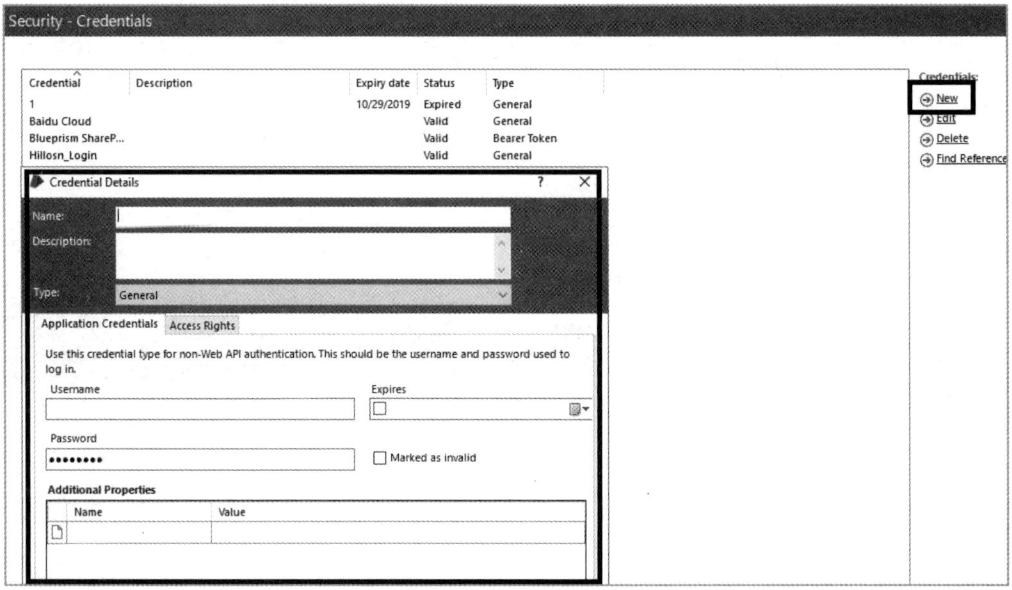

图 4-12

7. Audit

在 Audit 中放置了与审计相关的开发过程中产生的日志信息，包括 Process Logs、Object Logs 和 Blue Prism 的登录、退出信息等，如图 4-13 所示。

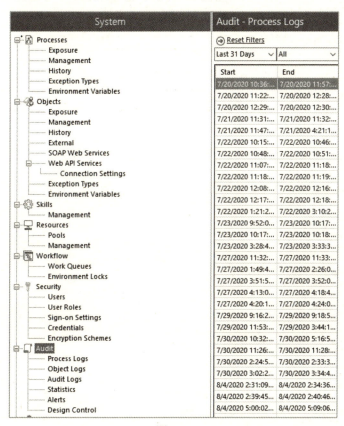

图 4-13

8. System

System 是 Blue Prism 的系统设置，与 License 相关的信息也会存放在这里，如图 4-14 所示。

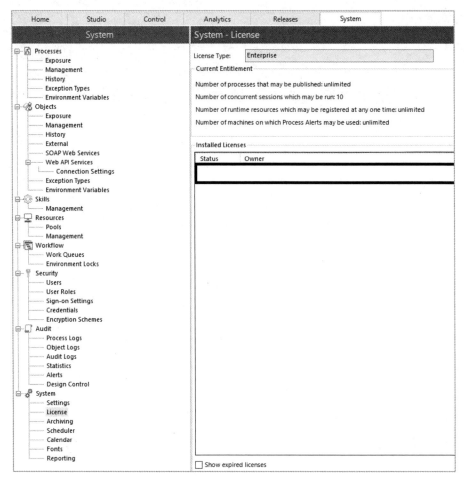

图 4-14

4.3 Blue Prism Studio：如何进行流程自动化开发

4.3.1 Process Studio

Blue Prism 的开发模块如图 4-15 所示，在这里可以使用拖曳的方式将左侧的控件拖曳到右侧进行编程开发。下面讲解在开发 Process 时常用的几个功能，并详细介绍左侧活动组件。

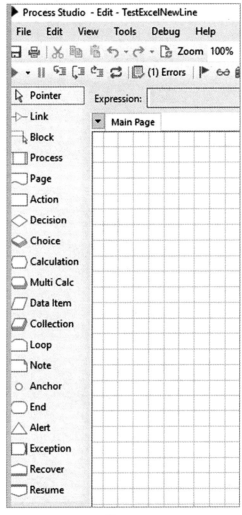

图 4-15

4.3.1.1 左侧活动组件

▶ "流程开启"按钮（可以调节流程运行速度）。

▮▮ "流程暂停"按钮。

▸ "单点调试"按钮，每单击一次就会执行一个具体的活动，如图 4-16 和图 4-17 所示。在图 4-17 中，左侧是总体流程，右侧是 AddWorkQueue 的子流程。单击"单点调试"按钮，会遍历每一个具体的活动。

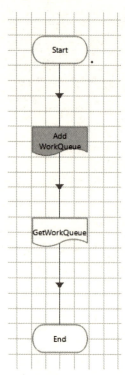

图 4-16

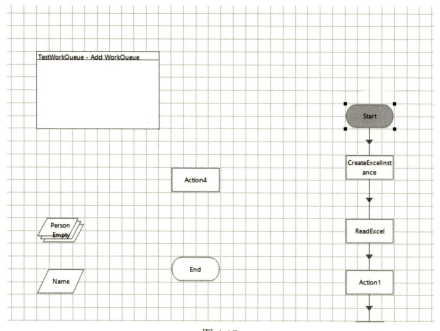

图 4-17

第 4 章　Blue Prism　99

　　![icon] 跳过当前具体活动中嵌套的一切子活动。

　　![icon] 跳过一切活动，跳转到预先设置的断点位置。

如图 4-18 所示，机器人会跳过 AddWorkQueue，流程会从 GetWorkQueue 这个页面开始进行。

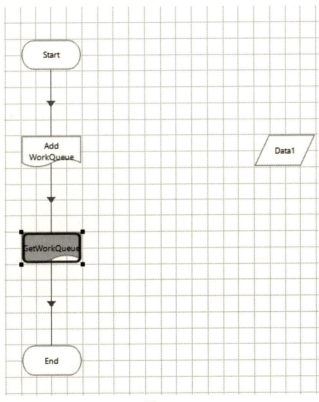

图 4-18

　　![icon] Reset 操作，返回流程的原点。

4.3.1.2　组件详解

1. Block

在流程运行过程中，Blue Prism 会产生非常多的变量，这些变量都以可视化的方式展示在流程布局模块中。如果不用 Block，那么所有的变量将会无序地放置，如图 4-19 所示。

当使用了 Block 以后，在整个界面中关于变量的部分就清晰多了，如图 4-20 所示。另外，还可以根据不同的业务逻辑对涉及的变量进行分类。

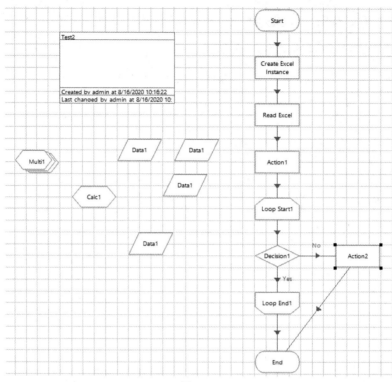

图 4-19

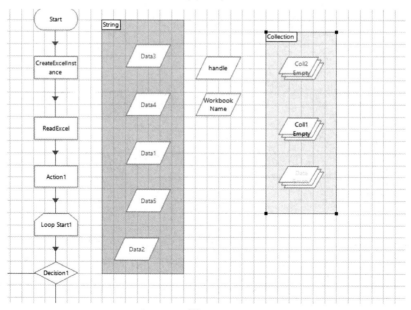

图 4-20

Block 经常与 Recover 一起使用。如图 4-21 所示，当使用了 Block2 以后，它可以通过隔离 Recover2 来防止无限循环，从而仅对自己本身的业务逻辑进行处理。

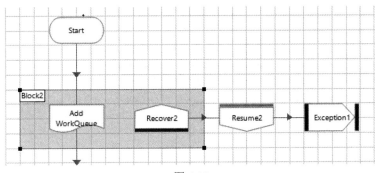

图 4-21

2．Process

主要是为了可以嵌套其他现有的 Process 而存在的一个功能。

在单击进入 Process 以后，可以先选择希望嵌套的流程，输入该流程相关的一些参数，再进行调用即可，如图 4-22 所示。

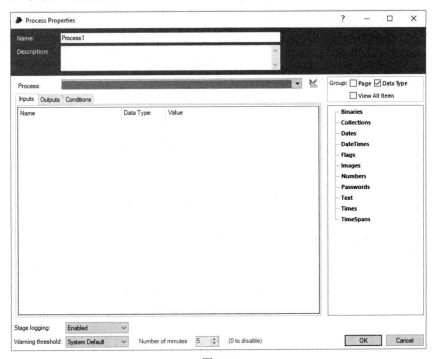

图 4-22

3. Page

Page 与 Process 相似，虽然都是进行调用，但是调用的范围不同。Process 调用的范围是整个 Blue Prism 中所有的 Process。Page 只能调用在该 Process 中定义的 Page。如图 4-23 所示，黑色框的部分就是在一个 Process 中创建的 Page，图 4-24 显示的是如何创建一个 Page。

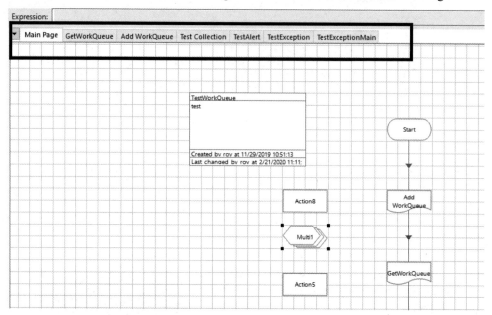

图 4-23

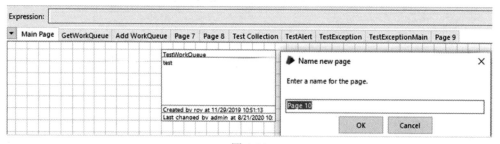

图 4-24

4. Action

Action 的作用是调用 Object 里面的方法，下面通过一个简单的例子介绍如何操作 Action 调用 Object 里面的方法。

本例的业务逻辑非常简单，就是将 Excel 中的内容读取到 Blue Prism 的 collection（Data）中。图 4-25 所示是实现该功能需要引用的 Action，图 4-26 所示是运行整个流程后相关变量的变化情况，图 4-27 所示是名为 Data 的这个 collection 已经存放了从 Excel（Book2.xlsx）中读取的数据。

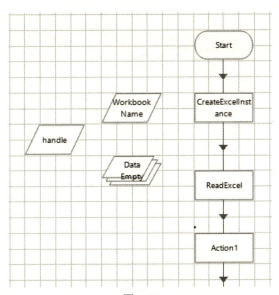

图 4-25

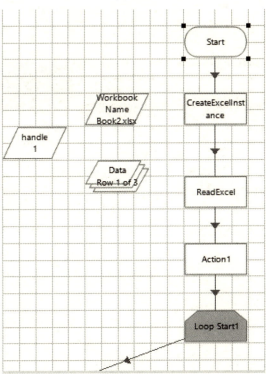

图 4-26

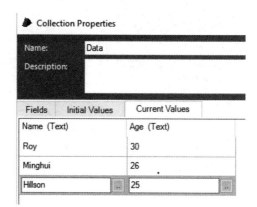

图 4-27

如何编写每一个 Action 呢？

在读取 Excel 之前，Blue Prism 需要创建一个 Excel 对象，如图 4-28 所示。Action 会先调用 Business Object 中 Blue Prism 自带的 MS Excel VBO，再调用 Create Instance 这个 Action，最后将创建的对象唯一性索引（数字）传给预先定义好的变量（handle），如图 4-29 所示。这样就完成了创建 Excel 对象的操作。

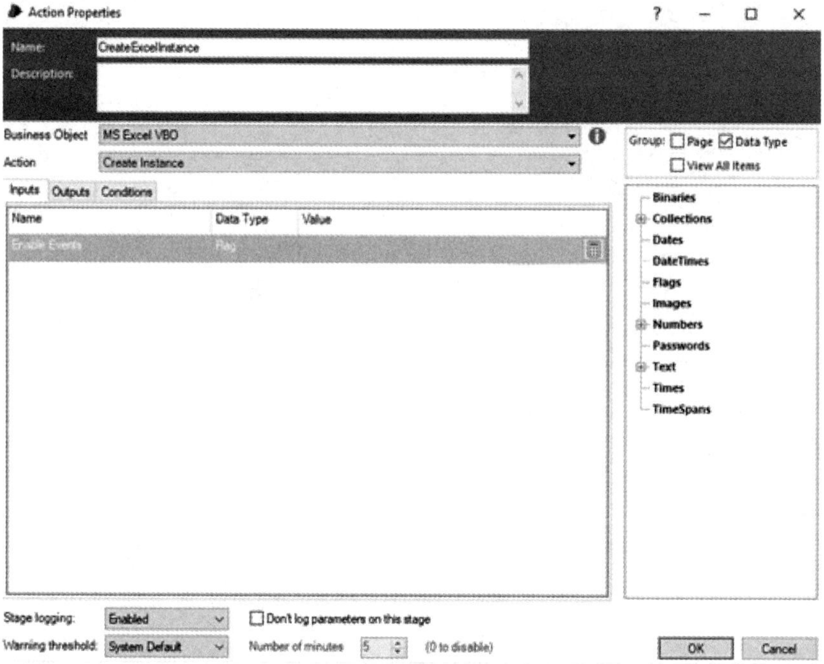

图 4-28

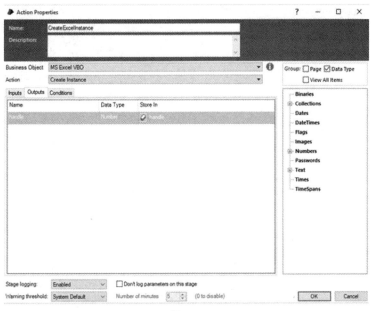

图 4-29

下一个 Action 是 ReadExcel,它的功能是读取 Excel 文件。同样先调用 MS Excel VBO,再调用 Open Workbook 这个 Action,传入刚刚生成的 handle——File name,如图 4-30 所示,并且输出 Excel 文件名,如图 4-31 所示。

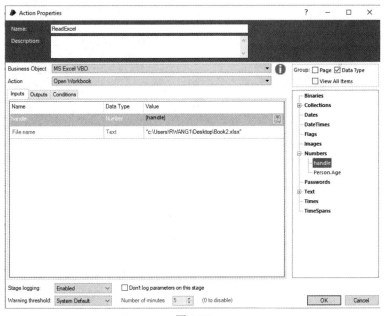

图 4-30

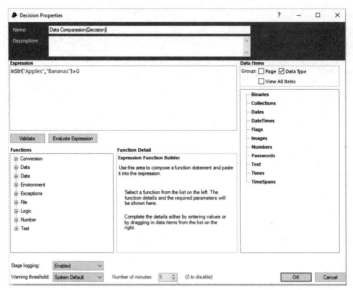

图 4-31

最后一个 Action 是 Get the data in worksheet，这个 Action 的功能是读取工作表（sheet1）中的所有数据，将其输出到一个 collection（Data）中。根据在上一个 Action 中读取的 Excel 文件，填写需要读取具体哪一个 Worksheet Name（工作表），如图 4-32 所示。将结果集输出到一个创建好的 collection（Data）中，如图 4-33 所示。将上述三个 Action 组合后，就完成了读取 Excel 的功能。

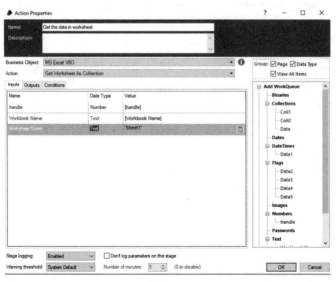

图 4-32

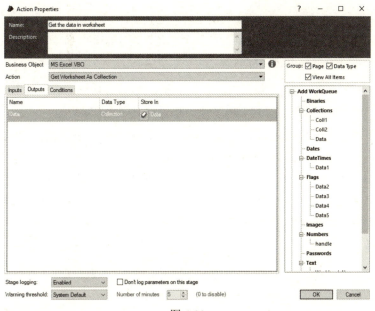

图 4-33

5. Decision 和 Calculation

因为在大部分情况下这两个控件都是一起使用的,可以实现简单或复杂的逻辑判断,所以对这两个控件进行组合说明。这两个控件非常相似,它们的编辑方式都是基于表达式的,主要区别有两个:

第一,Calculation 的值是任意值,而 Decision 的值只能是 true 或 false。

第二,Calculation 的结果存储在数据项中,而 Decision 的结果不需要存储,它仅用于确定流程的方向。

创建表达式(Expression)的方式有许多种,既可以直接在"Expression(表达式编辑器)"中键入,也可以从"Function(功能列表)"或"Data Items(数据项列表)"中拖入数据项来构建。

"Function(功能列表)"显示了 Blue Prism 中所有可用的功能。在将函数拖入"Expression(表达式编辑器)"中时,默认的函数文本将自动输出在屏幕上。同样,在从"Data Items(数据项列表)"中拖入数据项时,其名称将自动输出到"Expression(表达式编辑器)"中。

当然,也可以在"功能构建器"区域组合功能。从"Function(功能列表)"中选择一个功能,它会显示在"Expression Chooser(表达式选择器)"中,并附带其使用说明及相关参数。这时既可以直接在显示的字段中键入值,也可以从"Data Items(数据项列表)"中拖入"数据项"为参数指定值。在构建函数后,可以使用"粘贴"按钮将其输出到"Expression(表达式编辑器）"中。

Calculation 必须指定存储评估结果的数据项。可以通过键入数据项名称或从右侧列表中拖入数据项来填充"Store Result in（将结果存储）"字段。

当 Expression 创建完成后，应检查其是否有错误，这时可以通过单击"Validate（过程验证）"按钮来完成。Blue Prism 会检查 Expression 并突出显示错误的可能位置。

当然，也可以通过单击"Evaluate Expression"按钮来评估 Expression 。如果 Expression 使用了数据项，则会出现一个新的 Expression 测试向导，该向导可以为每个数据项提供临时值，以便从 Expression 中获取结果。如果 Expression 未使用数据项，则评估结果将显示在弹出消息中。如果只希望测试 Expression 的某一部分，则可以用鼠标拖入并突出显示来选择 Expression 的一部分。当出现"Expression 测试向导"时，仅使用 Expression 的选定部分。

下面举例说明。

示例 1：用 Calculation 判断 2019 年 12 月 14 日（星期六）到 2020 年 2 月 8 日期间，间隔了多少个星期？实现该功能所需的控件如图 4-34 所示。

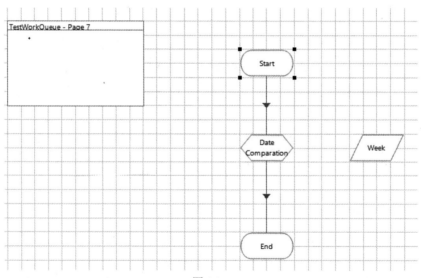

图 4-34

在 Data Comparison 这个 Calculation 控件中，只需在 Expression 中输入 DateDiff(1, MakeDate(14,12,2019), MakeDate(8,2,2020))代码，即可进行计算，并将结果立即输出至 week 变量中。当然，也可以使用 Functions 中的 DateDiff 方法，输入相关的日期进行计算，如图 4-35 所示。

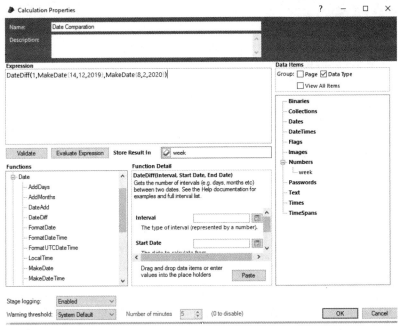

图 4-35

单击"Evaluate Expression"按钮即可输出结果,两个日期之间相差 8 周,如图 4-36 所示。

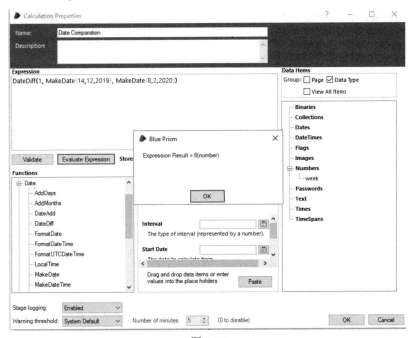

图 4-36

示例 2：如何用 Calculation 判断两个字符串是否存在包含关系。实现该功能所需的控件如图 4-37 所示。

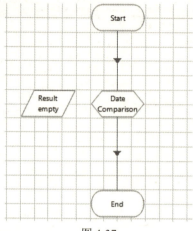

图 4-37

在 Data Comparison 这个 Calculation 控件中，只需在 Expression 中输入 InStr("Apples","Bananas") > 0 即可进行计算，如图 4-38 所示。返回的是一个布尔类型，并将其放在 Expression Result 中，如图 4-39 所示。

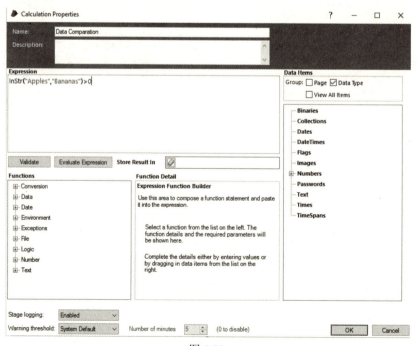

图 4-38

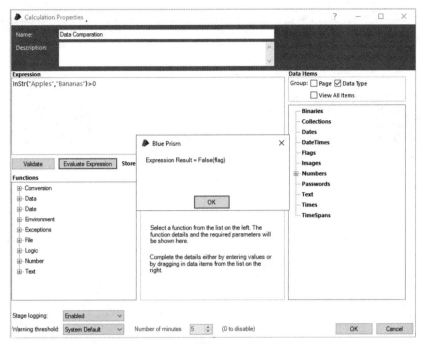

图 4-39

对于同样的字符串判断功能，如果用 Decision 来实现，会是怎样的呢？实现该功能所需的控件如图 4-40 所示。

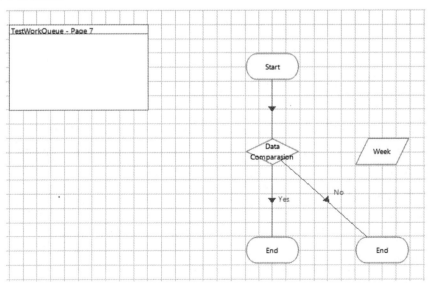

图 4-40

打开 Decision Properties 对话框可以看到，二者的实现代码是一样的。不同的是，在使用 Decision 时没有存储变量的位置，另外，在使用 Decision 时可以根据输出结果决定执行的方向，如图 4-41 所示。

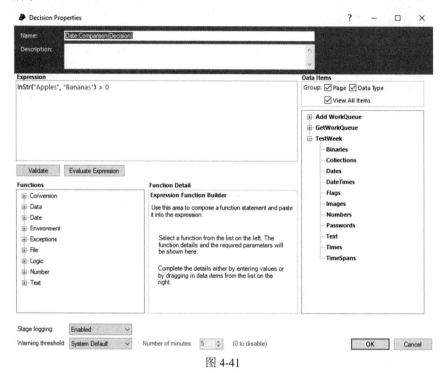

图 4-41

6．Choice 和 Multi Calc

因为在大部分情况下这两个控件都是一起使用的，可以实现简单或复杂的逻辑判断，所以对这两个控件进行组合说明。

Choice 提供了一种简便的方法来分支流程。如图 4-42 所示，它可以根据两种不同的条件选择不同的 Action 类型。若 String A 包含 String B，则程序进入 Action1 中；若 100>99，则进入 Action6。有编程经验的开发人员，可以把它看成 Switch。

Choice Properties 对话框中有一个列表，我们可以在其中输入选择条件。列表中的每一行都可以被赋予一个名称（如图 4-43 所示的"字符串判断"或"数值判断"），并且必须赋予选择标准。标准必须是"是/否"，并且可以输入到决定阶段。

可以使用"MoveUP（上移）"和"Move Downl（下移）"按钮对行进行重新排序。因为在流程运行时，第一个"是/否"选择条件的评估结果为 true，它确定了流程将向下进行分支。

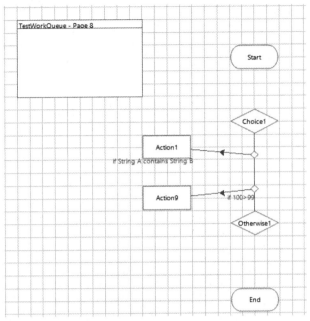

图 4-42

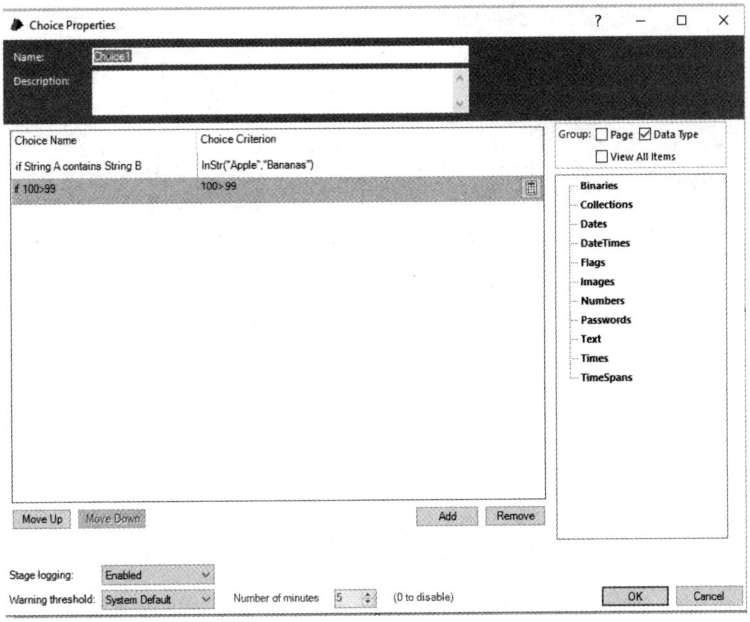

图 4-43

Multi Calc 按顺序执行多个计算,但所有计算都在一个阶段内进行。它的设计图如图 4-44 所示。

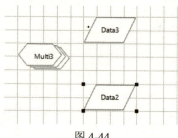

图 4-44

Multiple Calculation Properties 由一个包含两列的字段组成——表达式（Expression）和结果（Result）。

对于表达式字段，我们可以按自由格式文本形式输入表达式。除此之外，还可以单击"Expression（表达式编辑）"按钮对高级表达式进行编辑，这时会弹出标准的"Expression Chooser（表达式选择器）"对话框。

对于结果字段，我们可以输入数据项的名称。如果键入的数据项名称尚不存在，则可以单击"Add（创建数据项）"按钮创建数据项名称。在列表的右侧，有一个数据项树视图，既可以将项目从此数据项树视图拖到表达式字段中，构成表达式的一部分，也可以拖到结果字段中。

在多重计算阶段，行顺序表示行的执行顺序。我们可以使用表单底部的"Move Up"或"Move Down"按钮更改执行顺序。在执行过程中，前面步骤的结果可以在后续步骤的表达式中使用，如图 4-45 所示。

图 4-45

7. Data Item

Data Item 表示创建一个变量类型，用于存储临时的变量。Data Item 中提供了不同数据框的属性表单，开发人员可以按照不同业务创建不同类型的变量。

与其他 RPA 工具不同，Blue Prism 无法直接在设计界面中以图形化形式展示该流程中创建了多少变量，但是在程序运行过程中，可以很清晰地看到变量的变化状态。运行前如图 4-46 所示，运行后如图 4-47 所示。

图 4-46 　　　　　　　　　　　　　　　图 4-47

单击进入 Data Item，可以看到里面有多种不同的数据类型，开发人员可以按照业务流程的需求创建不同的变量类型，如图 4-48 所示。

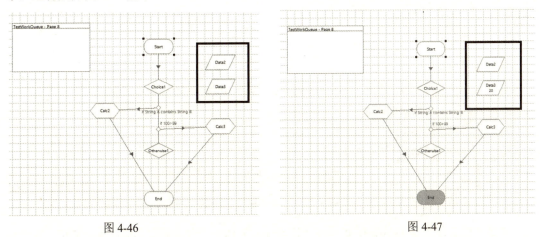

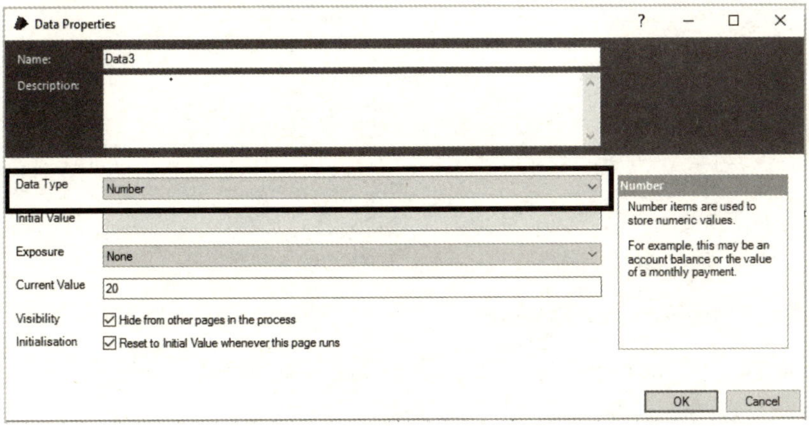

图 4-48

Blue Prism 原生内置的数据类型如表 4-2 所示。

表 4-2

数据类型	说明
Date	用来存储日期，初始格式为mm/dd/yyyy，如12/12/2019
DateTime	用来存储更精细的时间戳，初始格式为mm/dd/yyyy hh:mm:ss AM/PM，如12/12/2019 10:47:23 AM
Flag	用来输出布尔值，如True或False
Number	用来存储数值和货币
Password	用来存储密码或必须始终保密的文本。Blue Prism将采取措施以确保不会无意间显示输入密码字段中的数据。 例如，密码一般不会在屏幕上直接显示，而且也无法复制到纯文本数据项中，并且无法在保存或导出流程的XML中直接查看。但是，在流程中存储密码值存在明显的安全风险，因此不建议这样做
Text	用来存储单词、短语或数字标识符（如账号） 用来存储长文本，如读取的博客内容、文章内容等
Time	用来存储时、分、秒，初始格式为hh:mm:ss AM/PM，如12:00:13 AM
TimeSpan	用来存储时间段

这里需要关注的是 Password 类型，在日常开发工作中，因为开发或调试十分便捷，所以往往不需要使用 Password 类型，而是直接使用 String 或 Number 等类型对密码或信息进行存储。由于 RPA 大部分是在财务或行政流程中进行实施的，所以在实施系统登录自动化或录入敏感信息时，采用 Password 类型更为妥当。

8．Collection

Collection 是一组多个数据项的集合。我们可以把 Collection 中的内容视为包含行和列的表，在这里，列被称为字段。字段的名称既可以由用户提供，也可以在相应的业务对象中被定义。

在表达式中必须使用"."来访问字段，即集合名称，后面跟一个点，接下来是字段名。例如，我们可以使用 [Person.Name]来访问 Person 集合中的 Name 字段。

在字段的名称中不能包含方括号或点。

Collection 属性（Collection Properties）对话框如图 4-49 所示，这里面定义了一个 Person 类型的 Collection，里面包含 Name 和 Age 两个属性。

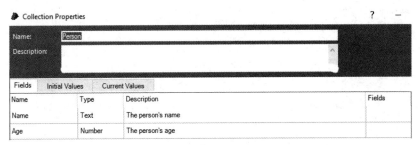

图 4-49

初始化值如图 4-50 所示，这个 Collection 中包含 Roy 和 Tom 两个人名，分别对应 18 岁和 20 岁。

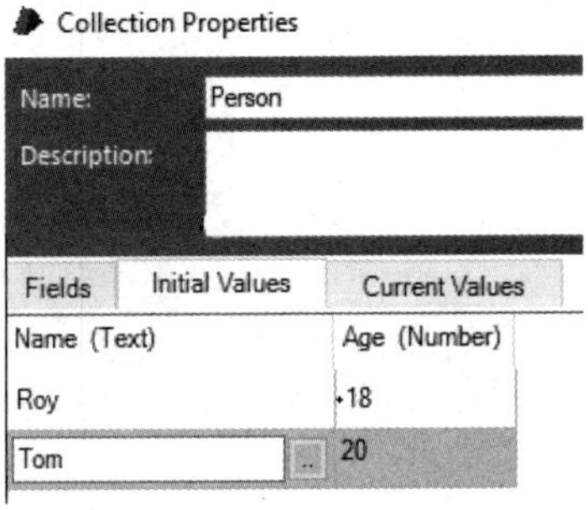

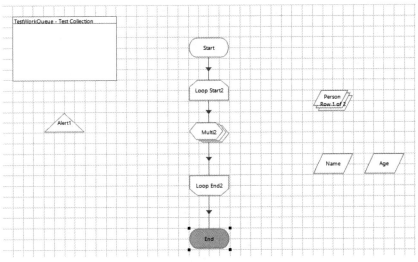

图 4-50

Collection 的输出往往与 Loop（循环）一起使用。在没有使用 Loop 的情况下，应如何使用 Collection 呢？如图 4-51 所示。

图 4-51

先使用 Multiple Calculation 将 Person.Name 输出至 Name 的 data item 中，再将 Person.Age 输出至 Age 的 data item 中，如图 4-52 所示。

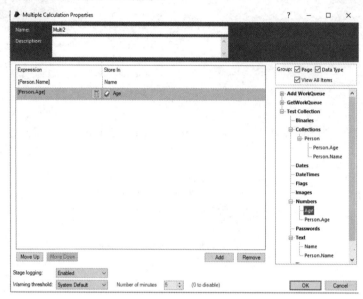

图 4-52

9. Loop

Loop 表示循环。将该组件拖入设计界面后，会出现 Loop Start 和 Loop End 两个动作。

- Loop Start：用来定义循环开始。
- Loop End：用来定义循环将在哪一点前进到要执行循环的集合的下一项。

注意：这里并没有循环结束阶段的功能信息，但是我们可以修改阶段的名称并添加描述，如图 4-53 所示。

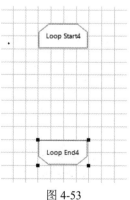

图 4-53

下面用一个简单的例子来说明 Loop 的作用。

第 1 步，打开 Loop Properties（Loop 属性）对话框，在 Collection 下拉列表中选择 Person 选项，如图 4-54 所示。

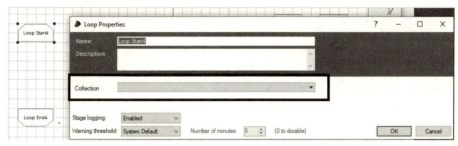

图 4-54

第 2 步，把 Collection 代码嵌入 Loop 中，如图 4-55 所示。

此时即可输出 Collection 中所有的值。

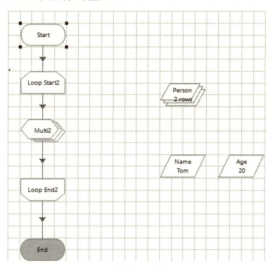

图 4-55

10．Note

Note 相当于其他语言中的注释，其作用是备注代码的功能。

在 Blue Prism 中，开发人员每创建一个新的页面（Page），Blue Prism 都会在左上角自动创建 Page Information（页面信息），用来说明该页面实现的具体功能。除此之外，用户还可以在每一段核心代码逻辑中创建 Note，简单说明该段代码实现了什么功能。Note 不会影响程序的运行速度或者现有逻辑。

11．Anchor

Anchor 可以使流程图中的线段以更规范的形式进行展现，并且 Anchor 不会影响程序的运行速度或者现有逻辑。

在使用 Anchor 后，代码的可读性会变得更好，如图 4-56 所示。

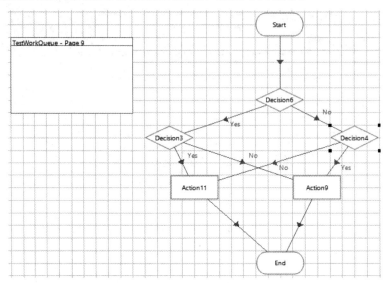

图 4-56

在使用 Anchor 后，代码布局更加清晰，便于阅读和修改，如图 4-57 所示。

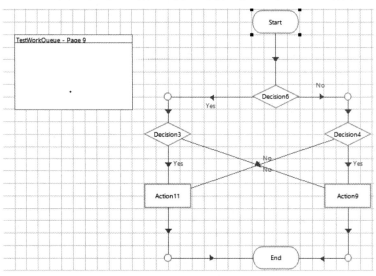

图 4-57

12. Alert

Alert 使用户可以监视正在运行的会话进度,从而无须持续监视 Control Room 中的显示。感兴趣的相关人员可以接收与会话相关的信息,查看会话状态的变化,例如,会话是何时开始运行的、何时完成的,又是何时失败的。

流程图的设计者通过在流程图中添加警报来创建自定义警报通知,这使得警报订阅者可以接收自定义的通知。例如,"已下载新案例批处理;开始处理案例 1 of 300"等。此类消息的内容基于过程中的可用数据,并且可以使用 Blue Prism 表达式进行动态更改。

下面通过一个简单的例子说明 Alert 的作用,如图 4-58 所示。若计算成功,则进入 Alert 并输出相应的信息。在 Calculation 中只放置了 x 和 y 的表达式,非常简单。

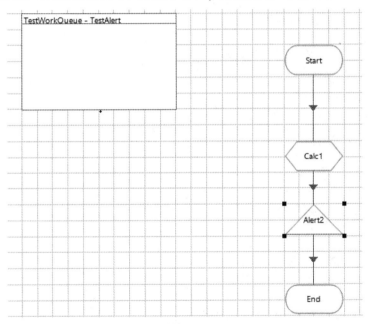

图 4-58

Alert 组件的 Expression 里面只放置了一句"Success",如图 4-59 所示。

需要注意的是,需要将该 Process 发布到 Control Room 中之后才能使用 Alert 方法。只有在勾选了"Pop Up Alert"复选框之后,在程序运行过程中才会弹出相关信息,如图 4-60 所示。

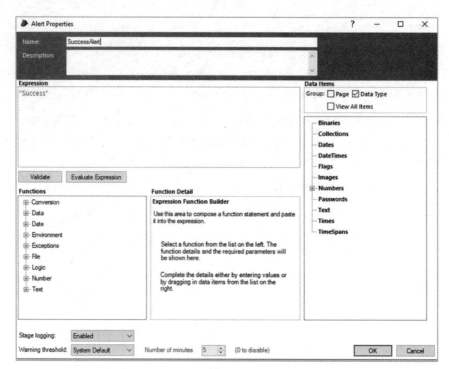

图 4-59

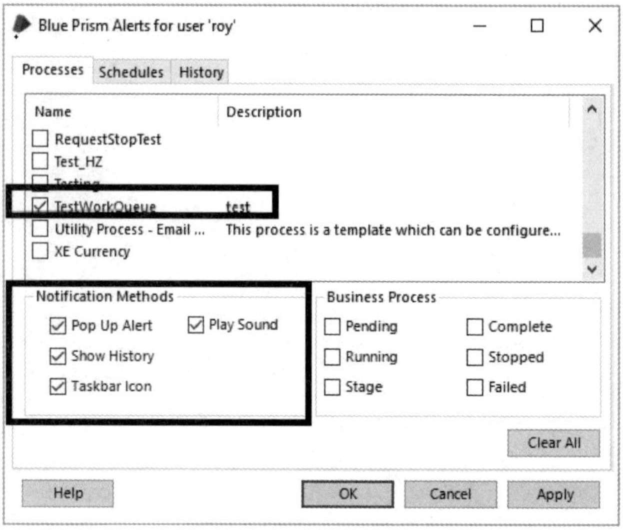

图 4-60

右侧将弹出如图 4-61 所示信息，开发人员不需要一直查看 Control Room 的状态。这对于调试对某些特定状态进行判断非常有用。

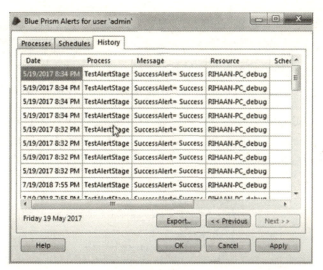

图 4-61

13．Exception、Recover 和 Resume

Exception、Recover 和 Resume 三个组件非常重要，下面详细介绍。

（1）Exception

Exception 可以在流程流中的任何时候引发异常。以这种方式故意引发的异常行为与处理期间可能发生的异常行为相同。

Exception 中包含的信息有如下。

- 异常类型：描述异常类别的用户定义标签。用户可以创建自己的类别，如"数据异常"和"超时异常"等。Blue Prism 会自动整理并记住在所有流程和业务对象中创建的所有异常类型。这意味着可以在所有进程或对象之间在全局通用相同的类型。
- 异常详细信息：包含与异常相关的任何详细信息的表达式。

（2）Recover

Recover 提供了一种从异常中恢复的方法。如果页面发生异常，并且该页面包含"Recover"，那么流程将在此继续。一旦流程转移到恢复阶段，则该过程就处于恢复模式，并保持这种状态，直到完成恢复阶段或发生进一步的异常为止。

如果在恢复模式下发生另一个异常，则该异常不会被同一恢复阶段捕获，而是"冒泡"到下一个阶段。

（3）Resume

Resume 表示恢复已完成，并且处理正在继续。通常，在 Resume 之后会跟随许多的清除决策（取决于异常类型）或选择阶段。我们可以把这些阶段链接回主流，这必须通过恢复阶段来完成。如果没有 Resume，则发生的任何异常都不会由同一恢复阶段处理，但会"冒泡"到下一阶段。通过恢复阶段后，将再次进行正常的异常处理。

在介绍完概念以后，下面用一个简单的例子说明这三个组件的使用场景。

首先，遍历一个 Collection，里面存放的三组数据分别是（x=10,y=2）、（x=2,y=0）和（x=12,y=3），如图 4-62 所示。然后，对这个组合做除法运算（x/y），并将其结果输出到 Result 1st 和 Result 2nd 中。整体业务设计如图 4-63 所示。

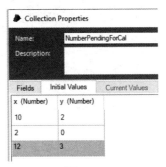

图 4-62

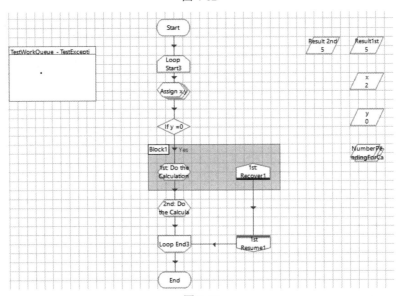

图 4-63

流程开启，当遍历到（x=10,y=2）时，顺利输出 Result 1st 与 Result 2nd 是 5 的值。当遍历到（x=2,y=0）时，按照运算规则，此时会报错，并且接下来的所有流程都会因为该运算报错而不能继续。

这对于业务来说是一个灾难性的事件，此时可以使用 Recover 组件。当出现数据异常或者系统异常时，程序会进入 Recover，并且重启后续流程。如图 4-64 所示，程序会跳过（x=2,y=0）这组数据，继续处理第三组数据。

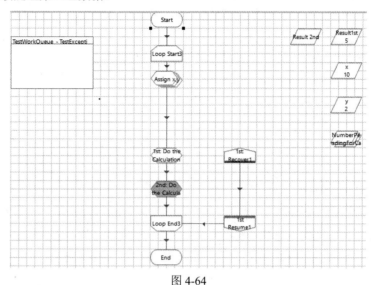

图 4-64

当流程重启后，针对（x=2,y=0）这组数据会抛出一个系统异常，如图 4-65 所示。

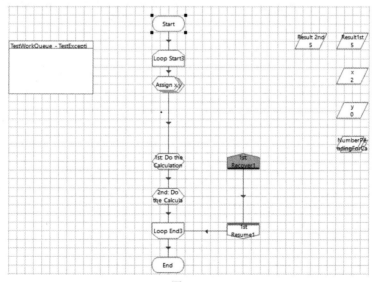

图 4-65

针对这种情况，可以引入 Exception。Exception Properties（Exception 属性）对话框如图 4-66 所示。我们可以自行定义 Exception 的类型。

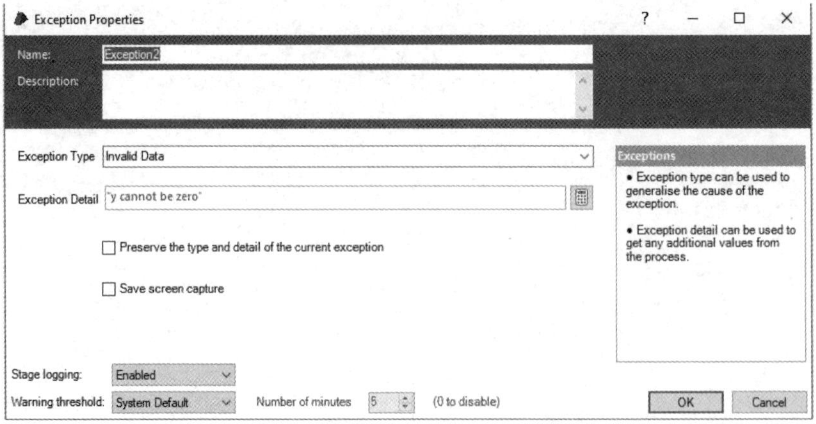

图 4-66

当捕获 Exception 后，会记录 Exception，并自动进入 Recover 和 Resume 阶段。

假如在 SAP 的某个 T-CODE 中进行录入操作时，突然因为账号被占用或者是网络问题，导致流程出现异常，那么即便机器人捕获该异常，并重启了该子流程（录入操作），流程依然会报错，因为机器人需要重新登录 SAP。因此，在子流程中定义的某些异常并不能在该子流程中进行重启，此时需要分为两步操作。

第 1 步，用 Block 封装好子流程中的 Resume 操作，只有在执行到该步骤（如数据异常）时才重启子流程，对于其他报错都直接抛出，不进行 Resume 操作，如图 4-67 所示。

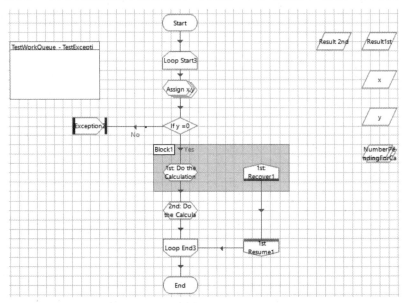

图 4-67

第 2 步，异常是一层一层往上抛的，如图 4-68 所示。若子流程抛出异常，则该子流程的上一层会捕获该异常并进行处理。

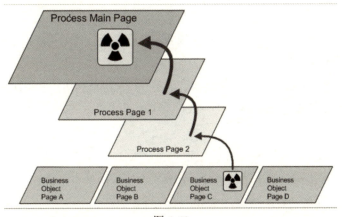

图 4-68

具体设计如图 4-69 所示，若 TestException 出现异常，并且该异常不需要处理，则抛出异常到 TestExceptionMain，然后执行 Resume 中的操作。

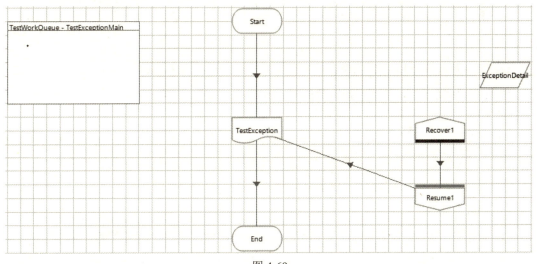

图 4-69

至此，对 Process Studio 的介绍就告一段落了，下面对 Object Studio 进行详细说明。

4.3.2 Object Studio

Object 主要用于与外部系统进行交互，下面介绍最常用的两种 Object 类型：外部业务对象和 Web 服务（WebService）。

（1）外部业务对象

外部业务对象是本地部署的 COM 对象的包装，如网页、Java 平台应用或可运行的 exe 程序等。

外部业务对象必须在要使用它们的每个设备上明确注册，注册是在系统管理器中进行的。慢慢会被视觉业务对象取代。

若想在系统管理器中添加外部业务对象，则必须先从导航树中选择"对象">"外部"，然后在"添加新对象"字段中，输入对象的名称，最后单击"执行"按钮（在后续的 Read 与 Write 组件中会详细讲述）。

（2）Web 服务

Web 服务以方便的格式提供了诸多外部功能，但这也使得为它们编写包装或者重新实现它们变得非常麻烦。为了解决这个问题，Blue Prism 允许我们在 System Manager 中注册 Web 服务，自动为它们提供包装，从而可以像使用业务对象那样调用 Web 服务。

Object Studio 中的大部分组件与 Process Studio 中的一致，只有 Read、Write、Navigate、Wait 和 Code 是新增的组件，下面主要介绍前四个组件。

1．Read 组件、Write 组件和 Navigate 组件

（1）Read 组件

在 Read 组件和 Write 组件中可以显示很多行，每行代表一个数据检索。行由应用程序元素、读取操作和数据项组成。在运行时，我们可以从目标应用程序元素中读取数据，并把读取的数据存储在相应的数据项中。

在列表视图中，Read 组件既可以读取众多数据中的任何一条（如当前的行数、当前行中的文本等），也可以一次检索所有数据。与特定行关联的数据项必须适合所选取的读取操作：一次读取所有数据仅与集合兼容，而读取行数最适合类型为 number 的数据项。

（2）Write 组件

Write 组件和 Read 组件不同，它是把从别的系统或文件中读取的数据写到应用程序中。

数据行按顺序一一执行。如果任何一个读取或写入行失败，那么业务对象将因错误而中止执行，进而导致调用当前业务对象操作的父级 Blue Prism 进程失败。

如果涉及的应用程序元素是动态元素，则必须提供参数值。也就是说，必须通过单击"参数"按钮进行设置。如果该元素不是动态元素，则禁用此按钮。

数据项中的数据类型必须与应用程序元素的数据类型对应。数据类型通常显示在倒数第二列中。

（3）Navigate 组件

Navigate 组件允许我们在目标应用程序中执行导航操作，包括单击按钮、打开菜单、打开对话框、关闭窗口等。

在 Navigate 属性中有两个列表，一个列表在另一个列表的上方。上面的列表是要执行的导航操作，这些操作将自上而下依次执行，因而顺序非常重要。

每个 Navigate 组件都包含一个应用程序元素和一个操作。例如，单击菜单项，单击是操作，菜单项是应用程序元素。常见的操作有单击、打开、最小化等。

示例

下面通过一个例子简单介绍如何使用 Read、Write 和 Navigate 组件获取网页元素。

第 1 步，打开百度首页。

第 2 步，在输入框中输入"新闻"。

第 3 步，单击"搜索"按钮。

第 4 步，获取搜索结果中的第一条信息。

首先创建一个 Object，如图 4-70 所示，显示 Object 界面。Object 界面与 Process 的编辑界面相似。在获取网页元素之前，需要将 Object 与网页的对象（如 IE 浏览器或 Chrome 浏览器等）进行绑定。单击"Application Modeller"选项，弹出"Application Modeller"对话框。

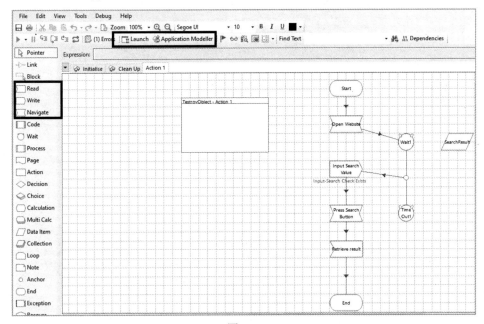

图 4-70

单击"Application Modeller"对话框中的"OK"按钮，按如图 4-71 所示进行设置后，再次打开 Object 中的"Application Modeller"对话框，如图 4-72 所示。单击"Launch"按钮，再次返回"Application Modeller"对话框，之后单击"Identify"按钮，这样就可以从打开的 IE 浏览器上获取一切元素了。

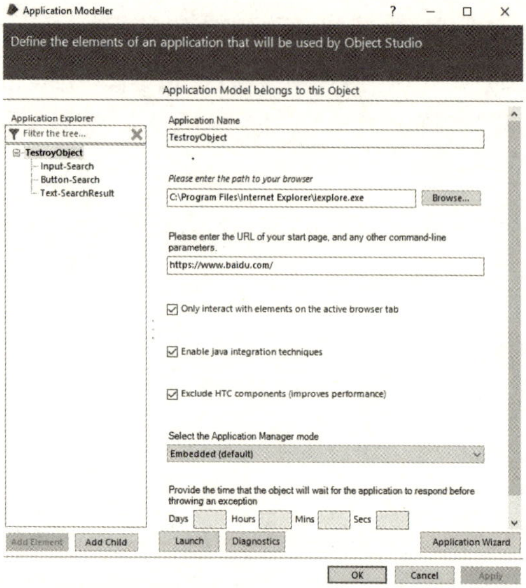

图 4-71

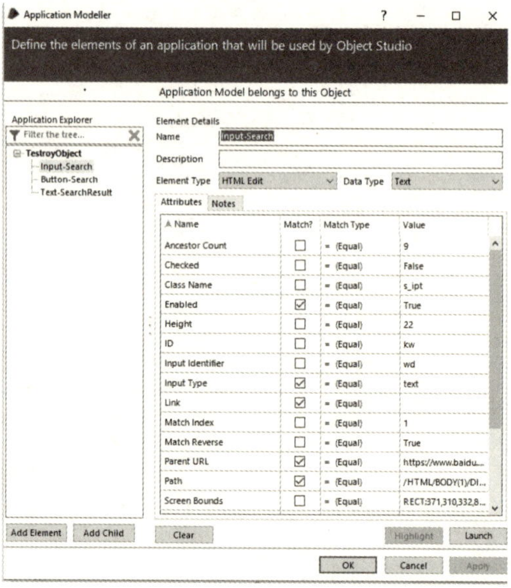

图 4-72

把光标移至搜索框，同时按住鼠标的左键和键盘的 Ctrl 键，即可获取搜索框元素，如图 4-73 所示。

图 4-73

搜索框元素如图 4-74 所示。获取元素后我们需要对其进行重命名。基本的命名原则是元素类型（如 input、text、button 和 checkbox 等）-元素的业务逻辑描述（如 userID、password 和 search 等）。需要注意的是，我们不能勾选所有的元素属性复选框。

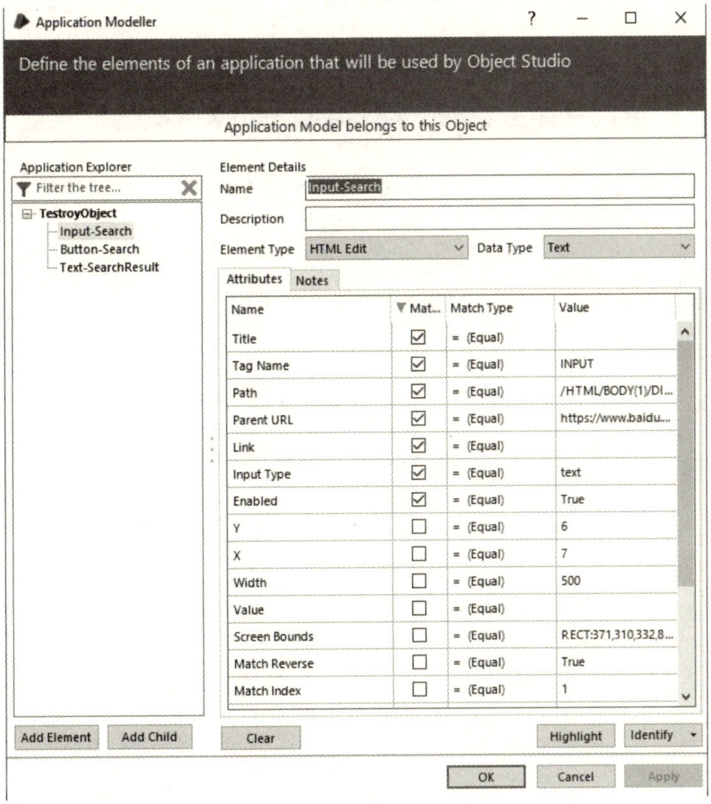

图 4-74

再次打开 "Application Modeller" 对话框，首先单击左下角的 "Add Element" 按钮，然后单击右下角的 "Identify" 按钮，用同样的操作选中图 4-75 中的 "百度一下" 按钮，生成对应的元素，并重命名该元素。这样就可以通过 Application Modeller 获取这个流程中所有需要处理的元素了。

图 4-75

需要注意的是，不能勾选由 Application Modeller 自动化获取的元素属性复选框，如 Value 为空的属性等，如图 4-76 所示。单击"Highlight"按钮，验证该元素是否生效。

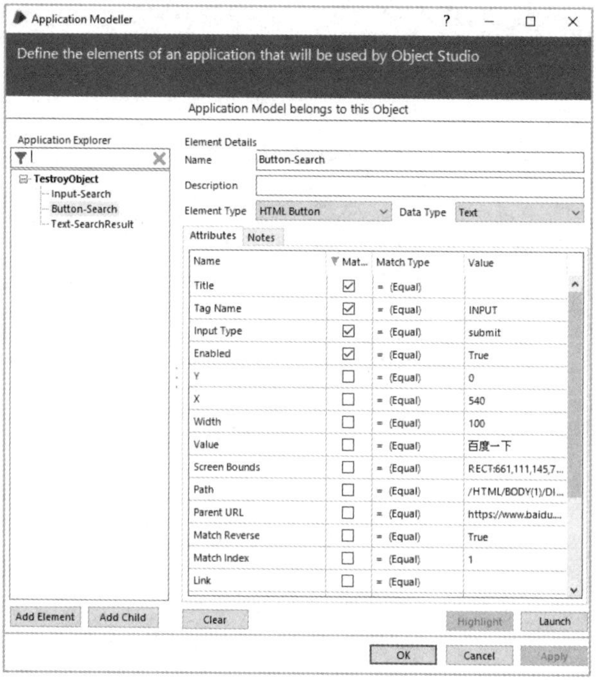

图 4-76

最后获取"搜索结果中的第一条信息"这个元素。在这个元素属性中，只需要选取 3 个属性即可选中对应的元素，如图 4-77 所示。

从 Application Modeller 中获取元素后，首先使用 Navigate 组件打开 IE 浏览器，进入百度首页，然后使用 Write 组件在搜索框中输入"RPA"，接着在 Navigate 组件中单击"搜索"按钮，最后使用 Read 组件获取"搜索结果中的第一条信息"，整体设计如图 4-78 所示。

图 4-77

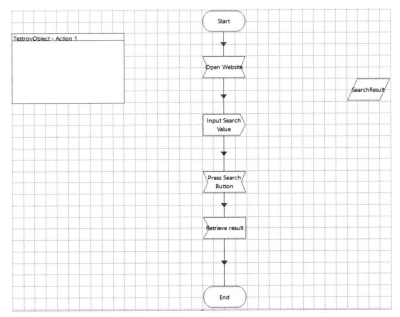

图 4-78

第一个组件是 Navigate，它的配置如图 4-79 所示。将左侧的元素 TestroyObject 拖到右侧的 Element 中，然后选择 Launch，即可打开网页。

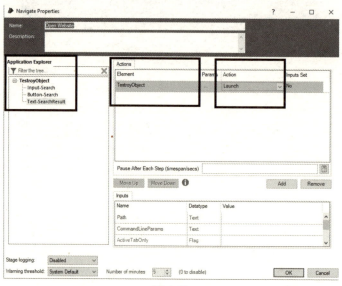

图 4-79

第二个组件是 Write，它的配置如图 4-80 所示。首先把右侧的元素 Input-Search 拖到左侧的 Element 中，然后输入"新闻"（为了方便，这里选择了直接输入的方式，也可以使用拖曳的方式把左侧变量栏中的内容拖到 Value 下方）。

图 4-80

第三个组件是 Navigate，它的配置如图 4-81 所示。首先把左侧的元素 Button-Search 拖到 Element 中，然后选择 Click Centre（单击元素中心）。

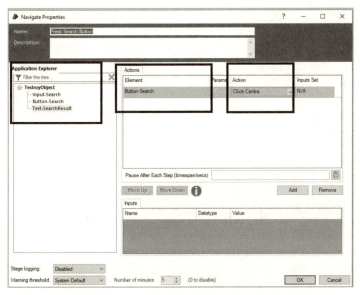

图 4-81

第四个组件是 Read，它的配置如图 4-82 所示。首先把左侧的元素 Text-SearchResult 拖到 Element 中，然后选择获取该元素的 Data，将其保存到之前定义好的变量中。

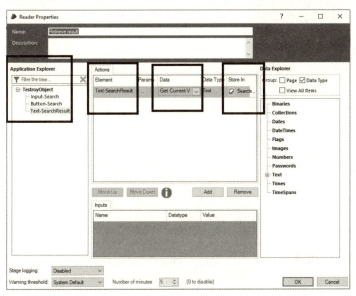

图 4-82

以上就是整个流程需要用到的组件。

2. Wait 组件

Wait 组件可以暂停业务对象的执行，直到目标应用程序满足特定条件。例如，等待直到窗口出现，或等待特定的状态栏消息等。例如，在提交新数据后，可能会出现一个弹出窗口或一个错误消息窗口等。如果未检测到更改，则把业务对象设计为在特定的"超时"时间段之后移动。

下面举一个简单的例子，基本的业务流程与前面的例子相同，也是打开百度首页，输入"新闻"，获取"搜索结果中的第一条信息"。但是在这个阶段我们可以假设因为网络的原因，或者机器的原因，第一次打开网页时有一定的延迟，这时就需要使用 Wait 组件。

基本原理：使用 Wait 组件监听网页是否能正常打开（监听的对象为搜索框是否存在），监听的时间为 5s，若超时（Timeout），则不做任何操作。

整个流程设计如图 4-83 所示。

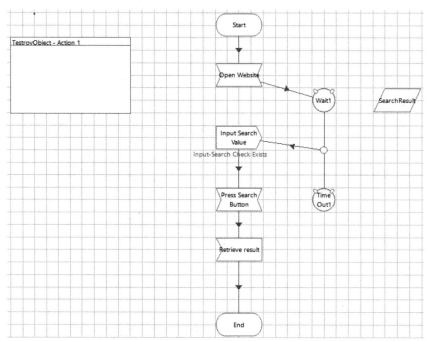

图 4-83

在 Wait 组件中，我们需要定义监听的元素（Input-Search），以及监听的动作（Check Exit），设置超时时间为 5s。Wait 动作通常设置在页面跳转的位置和程序打开的位置，如图 4-84 所示。

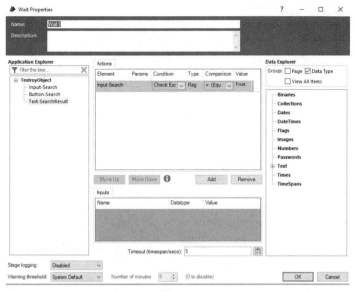

图 4-84

4.4 Blue Prism 的四种架构

第一种架构是把 Blue Prism 和 SQL Server Express 部署在一台物理机上。这种架构搭建最为轻便，成本也最低，适合做简单的概念验证（Proof of concept，PoC），或者在企业内部只有 5 个以下的流程需要使用 Blue Prism 进行自动化处理的情况，如图 4-85 所示。

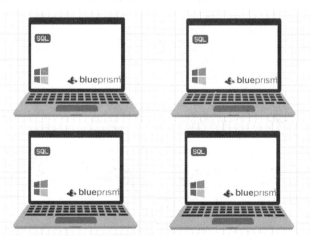

图 4-85

第二种架构是把数据库从物理机的架构中抽离出来，放在一台服务器上。所有的物理机和客户端都连接这个数据库服务器。

　　这种架构的好处是可以实现数据库与应用服务分离,在很大程度上减轻了物理机运行的压力,并且可以对机器人的角色权责进行分配,监控运行状态,统一管理代码。当企业部署的流程多于 5 个且少于 20 个（同时运行）,并且企业暂无虚拟化设备时,这种架构最为适合,如图 4-86 所示。

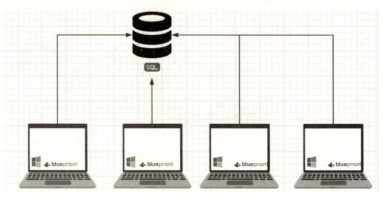

图 4-86

　　第三种架构是把 Blue Prism 分为两种模式进行部署,一种模式是 Blue Prism 的 Server 端,另一种模式是 Blue Prism 的 Client 端。当企业部署的流程多于 20 个且少于 50 个（同时运行）时,这种架构最为适合。

　　下面展开说明如何对 Blue Prism 的 Server 端进行部署,如图 4-87 所示。

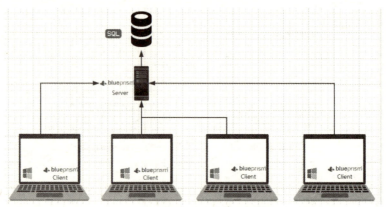

图 4-87

　　进入 Blue Prism 界面,配置 Blue Prism Application Server 所需的密钥,因为后续在"Blue Prism Server"中配置的密钥名字和加密方式必须与图 4-88 中第 4 步配置的一致,所以建议把该名字记录下来（区分大小写和空格）。

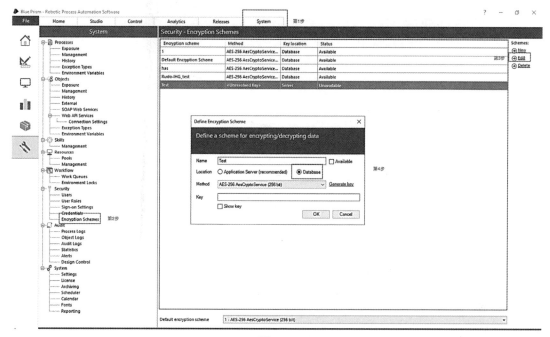

图 4-88

单击 BPServer.exe，如图 4-89 所示。

图 4-89

进入"Blue Prism Server"对话框,单击"New"按钮,如图4-90所示。

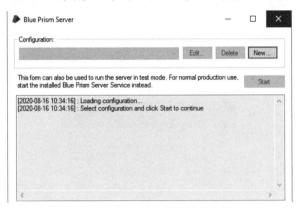

图 4-90

弹出"Server configuration details"对话框,单击"Key Store"选项卡,按如图4-91所示进行配置。单击"OK"按钮,回到"Server Configuration Details"对话框。

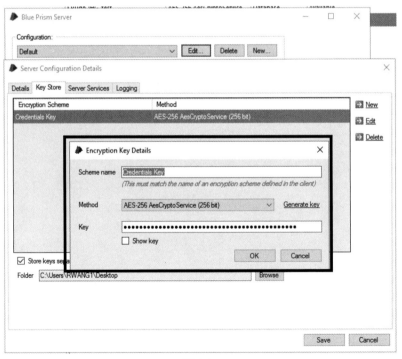

图 4-91

单击"Details"选项卡,配置Blue Prism Server的连接模式,具体配置如图4-92所示。其中,BPConnection是在Blue Prism界面中创建的。

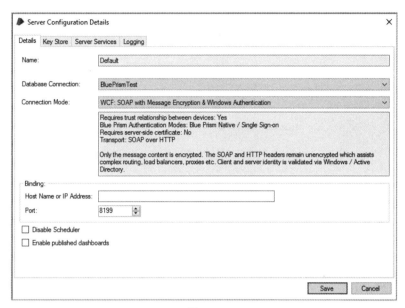

图 4-92

进入 Windows 服务，找到 Blue Prism Server 服务。如果 Blue Prism 连接服务器时是使用 Windows 账号登录的，那么这里同样选择 Windows 账号登录，如图 4-93 所示。

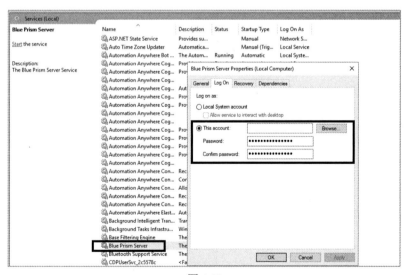

图 4-93

返回 Blue Prism 客户端，选择 Blue Prism Server 的连接模式。输入 Server 的 IP 地址，即刚刚配置 Windows 服务那台机器的 IP 地址，使这台 Blue Prism 客户端可以连接 Blue Prism Application Server 端，如图 4-94 所示。

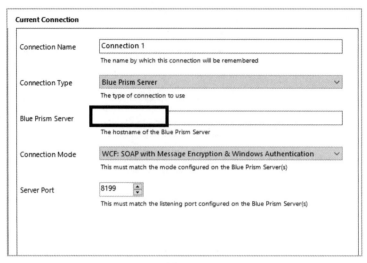

图 4-94

第四种架构与第三种架构非常相似，只是将 Blue Prism 客户端迁移到虚拟服务器上，真正实现机器人无人值守。这种架构适合企业已经有成熟的虚拟化解决方案，并且流程数量达到 50 个或以上的情况。这种架构的优点是机器人部署成本较低，可以很好地进行机器人集中化管理，如图 4-95 所示。

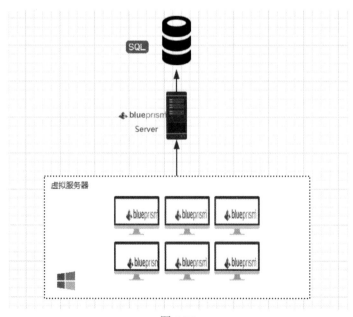

图 4-95

4.5 Blue Prism 的开发规范

4.5.1 Object 的使用规范

①在 Application Modeller 中，对于获取的每个元素都需要标注出相关属性，如图 4-96 所示。

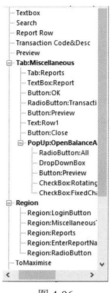

图 4-96

②在 Application Modeller 中，对于获取的每个元素里面的 Value 都不能预先设置，即 Value 不能"写死"，如图 4-97 所示。同时，环境变量不能直接写在元素的 Value 中，即环境变量也不能"写死"，如图 4-98 所示。否则当程序迁移或需求变更时，需要修改大量的代码。

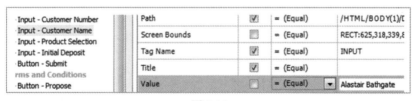

图 4-97

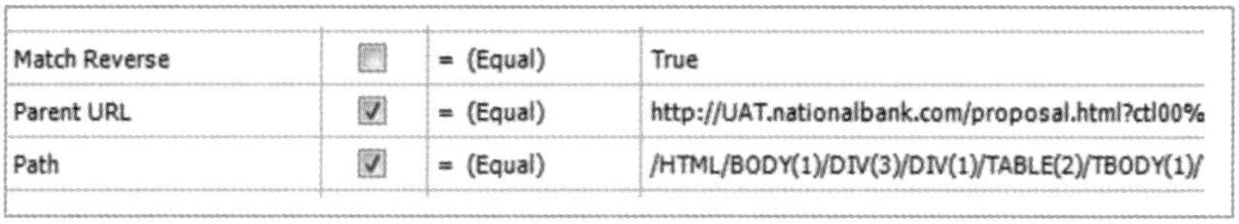

图 4-98

③在 Object 中不能定义 Business Exception。

如图 4-99 所示，在 Object 里面做的业务操作是获取银行账户的具体信息。若信息获取失败，则需要抛出一个 Business Exception。但是根据 Blue Prism 的开发规范，Object 在网页或应用程序上只能做导入、导出操作。信息比对应该放在 Process 中进行处理，因此所有的业务异常（Business Exception）都应该在 Process 中被抛出。

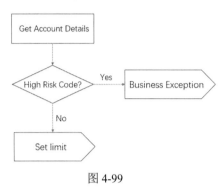

图 4-99

4.5.2 DataItem 的编写规范

DataItem 应该按照功能和模块的不同使用 Block 组件圈起来，以增加代码的可读性，如图 4-100 所示。

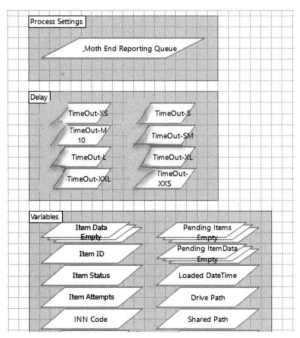

图 4-100

4.5.3 Process 的编写规范

①在 Resume 中不能编写太多的业务逻辑。因为一旦在 Resume 中出现系统异常或者业务异常，那么整个程序都将关闭，如图 4-101 所示。左下角为规范的 Resume 写法，右上角为不规范的 Resume 写法。

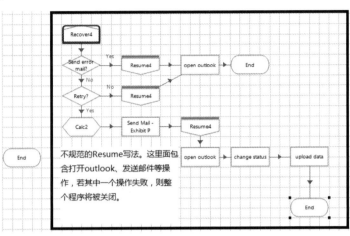

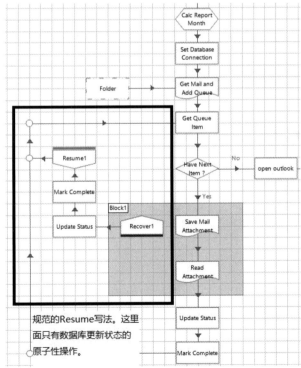

图 4-101

②当把程序部署到正式系统时，每个组件的 Stage Logging 都应从 Enable 修改为 Errors Only，然后勾选"Don't log parameters on the stage"复选框。

当程序部署到正式系统时，日志信息会非常庞大，为了提高整个流程的运行效率，需要有的放矢地开通日志记录功能。出于保密性原则，用户账号和密码等信息不应放在日志中，因此需要屏蔽相关参数输出的选项，如图 4-102 所示。

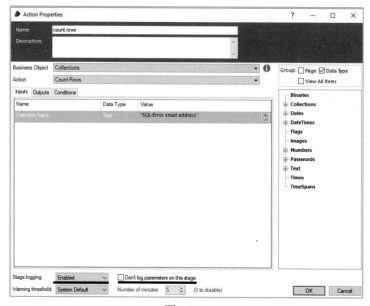

图 4-102

第 5 章

RPA 的未来

5.1 AI 会成为 RPA 实施中的必需品

在 RPA 实施过程中，有两种企业急需 RPA 与 AI 相结合。

第一种是 RPA 已经在企业内部实施了一段时间，部分用户或企业 IT 人员已经熟知如何使用 RPA 平台进行开发。他们希望在 RPA 中注入 AI 元素，让流程更加智能，实现更多的价值。

第二种是企业内部有大量的非结构化数据（扫描件或合同数据等）需要处理，或者有大量流程需要人工进行判断，单纯的 RPA 解决方案无法满足用户需求。

要知道，虽然 RPA 技术在没有人工干预的情况下无法调整其程序，但是，RPA 可能成为合并诸如自然语言处理之类的更复杂的认知技术的合适解决方案。

结合 RPA，AI 可以显著改善公司处理业务流程的方式，提高运营效率。因此有人把 RPA 增强功能称为"智能自动化（Intelligent Process Automation，IPA）"。

大多数企业流程都是手动的和重复的，而使用 RPA 可以使 70% 以上的企业流程实现自动化，即便需要人工判断的部分也可以自动化 15%~20%。

示例 1：文档分类自动化。

企业内部文档处理是一项复杂的任务，需要专门的人力资源进行处理。自动分类开辟了新的可能性范围，其中包括完全自动化和支持工具，它们可以减少处理任务的时间，提高手动标记的质量，以更快的速度和更低的成本获得更一致的结果。

随着时间的推移，由自然语言处理 NLP 支持的 RPA 解决方案（例如自动文档管理）可以变得更加高效。当处理足够多的文档之后，该解决方案将学习如何有效管理变体。

除分类外，自动文档管理还可以识别新文档的到来。例如，在处理发票过中，将标识供应商的名称，这将触发"应付账款"中的操作，而无须簿记员的干预。该过程涉及 AI 技术，例如光学字符识别（OCR）和自然语言处理（NLP）。

示例 2：自动化处理从 ERP 或邮件中获取法律文档。

法律文档（合同、句子、协议等）是典型的非结构化内容。律师事务所和公司法律部门可以从允许他们提取复杂数据的工具中受益。例如，合同中的当事方、受法律程序影响的人等，他们可以更好地理解法律文件。

总体来说，机器人流程自动化与自然语言处理结合后，可以极大地改善公司开展业务的方式并提高运营效率。

5.2 RPA 的云端部署

在解析 RPA 为什么需要云服务之前，我们需要简单了解 RPA 的实施成本。

RPA 的实施成本主要由三部分组成：

（1）硬件费用（RPA 开发的机器/服务器）。

（2）RPA 产品的 License 费用。

（3）开发人员的实施人天费用（包括差旅费）。

有非常多的企业，特别是中小型企业在实施 RPA 时望而却步，这是因为他们只想用 RPA 达到缩减成本的目的，而并非变革企业内部流程。这意味着可能花 2 万元~3 万元人民币去购置 License 和服务器等资源，但是由于自身需要自动化的流程较少，需要处理的数据也较少，不能完全体现机器人 7×24 小时的工作效率，导致投入产出比不高。因此，对于中小型企业而言，他们需要抱团取暖，云服务平台的需求应运而生。

不同于大型企业的本地化部署和严格的网络防火墙机制，中小型企业大多选择使用云服务的产品（因为性价比高）。国内外知名的云服务产品有用友云、金蝶云、Sale Force 等。因此若 RPA 云平台可以登录这些系统，即可进行远程流程自动化，实现 RPA 平台 License 共享和服务器共享，实现投入最小化与机器人实施效能最大化。

如今，云原生架构正在彻底改变我们对开发、部署和管理应用程序的思考方式。

RPA 供应商在为本地部署并构建其应用程序时，积极响应对云的需求，将相关业务放置在云中。

未来，RPA 云原生架构的优势会遍及整个领域，包括可扩展性、安全性、成本和易访问性等，为所有用户提供出色的体验。

5.3 降低 RPA 代码编写的难度

尽管本书介绍的 UiPath 和 Blue Prism 已经大量地降低了整个代码编写的难度，但是对于一些定制化要求，例如大量的 Excel 操作、XML 操作、接口操作等还是需要编写代码来实现的。

对于 UiPath 来说，已经推出了 Studio X，这个产品能够让非计算机专业的自动化人员快速上手。举个例子，当我们做 Excel 自动化时，如果没有 Studio X，就需要编写代码来读取 Excel，并选择对应的行进行操作。虽然 UiPath Studio 对这些步骤都提供了组件，但是遍历行、列或表单这些操作都需要写代码。如果使用了 Studio X，则只需读取 Excel，选择对应的行进行自动化操作即可，如图 5-1 所示。

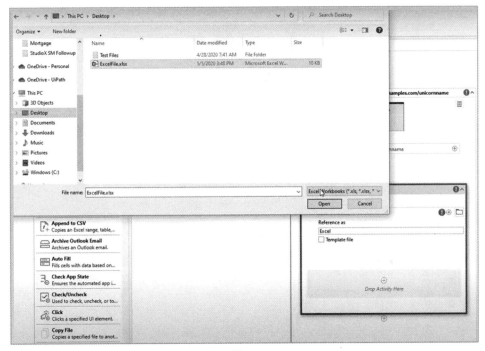

图 5-1

在指定的 Excel 中选择需要处理的表单，Excel 文件中包含的表单名字会自动弹出，不需要自己写代码、填写表单名字，如图 5-2 所示。

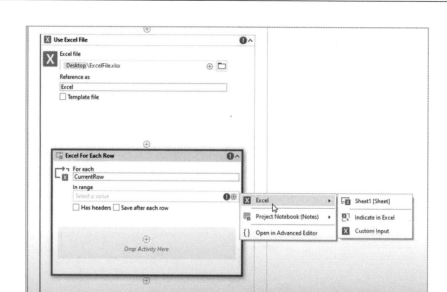

图 5-2

对于这部分内容 BluePrism 没有推出更简洁的版本,这是因为 Blue Prism 走的是企业集中自动化路线,因此需要开发者有一定的编程能力。

Automation Anywhere 在全新的 A2019 版本里面简化了编程的步骤,如图 5-3 所示。Automation Anywhere 共提供了近 50 个 Excel 操作方法,简化了业务人员的操作。

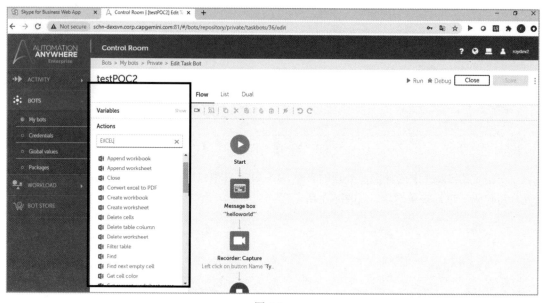

图 5-3

在未来的 RPA 架构中，会嵌入更多的组件库来满足不同的业务需求，减少代码编写量，加快业务流程自动化交付的速度，降低 RPA 开发的准入门槛，真正做到让非开发专业人员也可以进行开发。

反侵权盗版声明

电子工业出版社依法对本作品享有专有出版权。任何未经权利人书面许可,复制、销售或通过信息网络传播本作品的行为;歪曲、篡改、剽窃本作品的行为,均违反《中华人民共和国著作权法》,其行为人应承担相应的民事责任和行政责任,构成犯罪的,将被依法追究刑事责任。

为了维护市场秩序,保护权利人的合法权益,我社将依法查处和打击侵权盗版的单位和个人。欢迎社会各界人士积极举报侵权盗版行为,本社将奖励举报有功人员,并保证举报人的信息不被泄露。

举报电话:(010)88254396;(010)88258888

传　　真:(010)88254397

E-mail: dbqq@phei.com.cn

通信地址:北京市万寿路173信箱　电子工业出版社总编办公室

邮　编:100036

博文视点诚邀精锐作者加盟

《C++Primer（中文版）（第5版）》、《淘宝技术这十年》、《代码大全》、《Windows内核情景分析》、《加密与解密》、《编程之美》、《VC++深入详解》、《SEO实战密码》、《PPT演义》……

"圣经"级图书光耀夺目，被无数读者朋友奉为案头手册传世经典。

潘爱民、毛德操、张亚勤、张宏江、昝辉Zac、李刚、曹江华……

"明星"级作者济济一堂，他们的名字熠熠生辉，与IT业的蓬勃发展紧密相连。

十年的开拓、探索和励精图治，成就**博**古通今、**文**圆质方、**视**角独特、**点**石成金之计算机图书的风向标杆：博文视点。

"凤翱翔于千仞兮，非梧不栖"，博文视点欢迎更多才华横溢、锐意创新的作者朋友加盟，与大师并列于IT专业出版之巅。

十载耕耘奠定专业地位

以书为证彰显卓越品质

英雄帖

江湖风云起，代有才人出。
IT界群雄并起，逐鹿中原。
博文视点诚邀天下技术英豪加入，
指点江山，激扬文字
传播信息技术，分享IT心得

● 专业的作者服务 ●

博文视点自成立以来一直专注于IT专业技术图书的出版，拥有丰富的与技术图书作者合作的经验，并参照IT技术图书的特点，打造了一支高效运转、富有服务意识的编辑出版团队。我们始终坚持：

善待作者——我们会把出版流程整理得清晰简明，为作者提供优厚的稿酬服务，解除作者的顾虑，安心写作，展现出最好的作品。

尊重作者——我们尊重每一位作者的技术实力和生活习惯，并会参照作者实际的工作、生活节奏，量身制定写作计划，确保合作顺利进行。

提升作者——我们打造精品图书，更要打造知名作者。博文视点致力于通过图书提升作者的个人品牌和技术影响力，为作者的事业开拓带来更多的机会。

联系我们

博文视点官网：http://www.broadview.com.cn   CSDN官方博客：http://blog.csdn.net/broadview2006/

投稿电话：010-51260888   88254368   投稿邮箱：jsj@phei.com.cn

博文视点精品图书展台

专业典藏

移动开发

大数据·云计算·物联网

数据库

Web开发

程序设计

软件工程

办公精品

网络营销